室内与家具设计 CAD 教程
（第二版）

张 帆 耿晓杰 编著

中国建筑工业出版社

图书在版编目(CIP)数据

室内与家具设计 CAD 教程/张帆，耿晓杰编著. —2 版.
北京：中国建筑工业出版社，2007
ISBN 978-7-112-09227-7

Ⅰ.室… Ⅱ.①张…②耿… Ⅲ.①室内设计：计算机辅助设计—应用软件，AutoCAD—教材②家具—计算机辅助设计—应用软件，AutoCAD—教材 Ⅳ.TU238-39 TS664.01

中国版本图书馆 CIP 数据核字（2007）第 052731 号

责任编辑：郑淮兵
责任设计：赵明霞
责任校对：梁珊珊　关　健

室内与家具设计 CAD 教程
（第二版）

张 帆　耿晓杰　编著

*

中国建筑工业出版社出版、发行（北京西郊百万庄）
各地新华书店、建筑书店经销
北京密云红光制版公司制版
廊坊市海涛印刷有限公司印刷

*

开本：787×1092 毫米　1/16　印张：16¼　字数：404 千字
2007 年 6 月第二版　2017 年 11 月第十九次印刷
定价：**35.00** 元
ISBN 978-7-112-09227-7
（15891）

版权所有　翻印必究
如有印装质量问题，可寄本社退换
（邮政编码　100037）

本社网址：http://www.cabp.com.cn
网上书店：http://www.china-building.com.cn

前 言

AutoCAD 是目前在建筑、机械、室内、家具等领域的设计与图纸的绘制当中被广泛使用的绘图软件，在我国拥有广大的用户，也深受大家的喜爱。

目前有关利用 AutoCAD 软件进行建筑图的设计和绘制的书有很多种，而具体针对室内与家具设计专业特点的专业性强的书却很少。本书的编写就是为了适应广大室内与家具设计专业从业人员以及在校学生的要求，结合在室内与家具设计中的不同类型的设计图的绘制，以及相关的国家制图标准进行讲解。

本书的第一版是以 AutoCAD 2004 为基础编写的，此次则以最新的 AutoCAD 2007 为基础，结合 AutoCAD 2007 的新界面、新功能，对第一版书的内容进行了改进。AutoCAD 2007 的三维建模和渲染功能较之前的版本有很大的改进，因此在此次改版中也特意新增了第一版所未涉及的三维家具绘制的内容。

本书从内容上分为两大部分。第一部分，即第一章介绍了 AutoCAD 2007 的新增功能、基本功能、工作界面、基本设置和基本操作。对于 AutoCAD 的初学者可以通过本章的学习了解 AutoCAD 2007 的基本使用方法，掌握基本的绘图命令。第二部分结合室内与家具设计图的实例进行具体讲解，主要分为室内设计平面图、室内设计立面图、板式家具三视图及结构装配图、软体家具三视图及结构装配图、古典实木家具的绘制、家具三维建模及渲染这几个章节。本书的最后一章还介绍了图纸的打印及输出的方法。

我们编写这本书的原则是实用性强、简单易懂、由浅入深，通过有代表性的实例来讲解 AutoCAD 2007 的绘图方法和实用技巧，并能通过本书的学习进一步强化对专业制图规范的学习，可以作为该专业的从业人员自学或在校学生的指导用书。

参加本书编写的成员还有淡智慧、张重。由于编者的水平和经验所限，书中难免有不足之处，欢迎广大读者批评指正，在此表示衷心感谢。

编者于北京林业大学
2007 年 5 月

目 录

第 1 章 AutoCAD 2007 基础 ... 1
- 1.1 AutoCAD 2007 概述 ... 1
- 1.2 AutoCAD 2007 主要新增功能 ... 1
- 1.3 AutoCAD 2007 工作界面 ... 5
- 1.4 AutoCAD 2007 基本设置 ... 16
- 1.5 AutoCAD 2007 基本操作 ... 35

第 2 章 室内设计图的制图规范及标准 ... 78
- 2.1 图纸幅面 ... 78
- 2.2 标题栏 ... 79
- 2.3 图线 ... 79
- 2.4 字体 ... 81
- 2.5 比例 ... 81
- 2.6 尺寸标注 ... 82

第 3 章 室内设计平面图的绘制 ... 84
- 3.1 室内设计平面图简述 ... 84
- 3.2 设置绘图环境 ... 85
- 3.3 绘制轴线 ... 87
- 3.4 绘制墙体 ... 89
- 3.5 修改墙体 ... 91
- 3.6 绘制阳台、门窗 ... 104
- 3.7 绘制并布置家具 ... 114
- 3.8 地面填充 ... 116
- 3.9 标注尺寸 ... 118
- 3.10 编辑文字 ... 120

第 4 章 室内设计立面图的绘制 ... 122
- 4.1 室内设计立面图简述 ... 122
- 4.2 主卧立面图 ... 122
- 4.3 绘制儿童房立面图 ... 132

第 5 章 家具制图的制图规范及标准 ... 138
- 5.1 制图标准简介 ... 138
- 5.2 剖面符号 ... 139

5.3 局部详图 ·· 140
5.4 榫接合和连接件连接画法 ··· 141

第6章 板式家具设计图的绘制 ·· 143
6.1 板式家具设计图简述 ·· 143
6.2 板式家具三视图的绘制 ··· 143
6.3 板式家具结构装配图的绘制 ······································· 149
6.4 板式家具零件图的绘制 ··· 155

第7章 软体家具设计图的绘制 ·· 157
7.1 软体家具简述 ·· 157
7.2 沙发外形图的绘制 ·· 157
7.3 沙发结构装配图的绘制 ··· 168

第8章 古典实木家具的绘制 ·· 179
8.1 设置绘图环境 ·· 179
8.2 插入光栅图像 ·· 180
8.3 绘制轮廓线 ··· 184
8.4 绘制装饰曲线 ·· 185

第9章 家具三维建模及渲染 ·· 187
9.1 AutoCAD 2007 三维绘图基础 ···································· 187
9.2 三维家具绘制实例 ·· 192

第10章 图纸输出 ·· 248
10.1 模型空间和图纸空间 ··· 248
10.2 布局设置 ··· 248
10.3 打印 ··· 252
10.4 以其他格式输出文件 ··· 253

第 1 章　AutoCAD 2007 基础

什么是 AutoCAD？

AutoCAD 是美国 Autodesk 公司开发出的一个通用的辅助设计软件，问世于 1982 年 7 月，操作简单，广泛应用在机械、化工、电子、土木建筑、室内外环境设计、家具设计、服装设计等多个领域。

当我们用铅笔、尺子、三角板等工具在绘图板上进行设计时，画图过程与在电脑上用 AutoCAD 绘图大不相同，设计制图人员仅靠鼠标和键盘就可以随心所欲地表达自己的思想。

要顺利进行 AutoCAD 设计，就首先要熟悉它的工作界面，了解与 AutoCAD 程序进行交流的基本操作。

1.1　AutoCAD 2007 概述

AutoCAD2007 是 Autodesk 公司于 2006 年初推出的，相比以前的版本，AutoCAD2007 在很多方面都有了改进，尤其在三维方面有了飞跃性的改进。

新的 AutoCAD2007 软件能够帮助用户在一个统一的环境下灵活地完成概念和细节设计，并且在一个环境下进行创作、管理和分享设计作品。AutoCAD2007 还拥有更为强大直观的界面，可以轻松而快速地进行外观图形的创作和修改。与 AutoCAD2004/2005/2006 版本相比，AutoCAD2007 的 DWG 图形文件格式发生了改变，但仍可以向后兼容，可以方便地使用任何早期版本的文件，AutoCAD2007 也可以另存为以前的版本格式。

1.2　AutoCAD2007 主要新增功能

1.2.1　工作界面的改进

在运行 AutoCAD2007 后，系统会让用户选择一个要进入的工作空间界面，也就是可以在"三维建模"和"AutoCAD 经典"两种工作空间中选择一个。如图 1-2-1-1。

这样可以让用户方便地选择自己所需要的工作空间，并将二维绘图环境和三维建模环境区分开。在二维绘图空间中均以二维线框的方式显示所绘图形（如图 1-2-1-2），而在三维空间中仅包含与三维相关的工具栏、菜单和选项板，将其余与三维建模无关的工具栏等均隐藏起来，从而最大化屏幕空间，以便于更好地绘图（如图 1-2-1-3）。

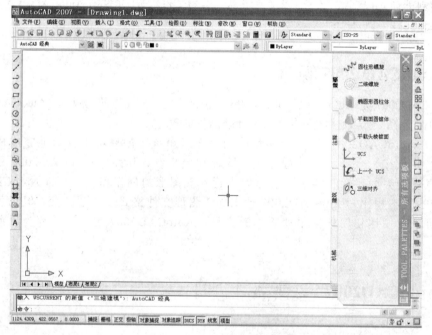

图 1-2-1-1　选择工作空间

图 1-2-1-2　二维绘图界面

　　另外 AutoCAD2007 还新增了功能全面的"自定义用户界面",可以帮助用户自定义所需的用户界面的各个元素。单击菜单栏中的"工具/自定义/界面"命令,即打开"自定义用户界面"对话框,如图 1-2-1-4。左边的窗格以树形结构显示用户界面的各元素,右边的窗格则显示所选定的元素的特性。因此用户在选择了某元素后就可以对其特性进行修改。在命令列表中显示了所有可用的命令,用户也可以查看和编辑关联的按钮图像和特性,还可以将命令拖放到某个元素中,从而自定义菜单、工具栏或选项板。

图 1-2-1-3 三维绘图界面

图 1-2-1-4 "自定义用户界面"对话框

1.2.2 图形绘制的改进

（1）二维绘图方面的改进

AutoCAD2007 中二维图形绘制与以前版本的差别不大，但在图层方面的改进较大。在"格式"菜单中增加了"图层工具"选项，如图 1-2-2-1。这使图层的管理和操作更加方便快捷。而且新增的图层过滤器可按名称或特性对图层进行排序，也可以使用"图层组"将图层组织为合乎逻辑的各种类别，可以按名称来搜索图层。

图1-2-2-1 "图层工具"菜单选项

（2）三维建模方面的改进

AutoCAD2007在三维操作方面的改动较大，二维图形设计中的正交、对象追踪等直观的编辑功能被引入到了三维实体和曲面的建模中，用户可以更快速地创建和编辑实体和曲面模型。

  ✓ 三维建模和修改功能的增强

AutoCAD2007新增了创建多段体、螺旋、通过扫掠创建实体、通过放样创建实体、通过加厚创建实体、通过剖切加厚实体等方法。

AutoCAD2007增加了"动态UCS"，此功能使得用户在创建三维模型时，不必再不断地创建用户坐标系，而只要将光标置于物体的一个表面上，就可以快速地在此表面上创建出三维模型。AutoCAD2007同时还新增了使用夹点编辑三维对象、添加边与面、按住或拖动有限区域等方法来修改三维对象。

  ✓ 三维动态观察功能的增强

AutoCAD2007可以在透视模式中进行透明平移或缩放，而且可在使用动态观察命令期间进行编辑。此外还引入了多个新的工具，如相机功能，可以快速获得从设计中特定视点所观察到的设计外观的快照。在早期版本中，三维观察是很麻烦的，必须每次都使用三维操作来旋转视图，而在AutoCAD2007中可以直接通过按住Shift键与鼠标中键实现对视图的摇移。这些改进都使用户的工作更加高效率。

  ✓ 三维图像渲染功能的增强

AutoCAD2007新增加了阳光阴影分析的功能，可以直接指定太阳的日期、时间以及阴影的特性，从而改变太阳在模型上投影光线的方式。在 AutoCAD2007 中新增了动画和穿越巡游功能，同时还增强了材质编辑、位图贴图等功能，渲染效果比早期版本都有很大的改进。

1.2.3 图形输出的改进

AutoCAD2007 更新了 DWG 格式，但 AutoCAD2007 仍然可以另存为其他较低的版本格式，甚至还可以直接存储为 R14 的 DWG 格式文件。

AutoCAD2007 可以通过选择"文件/输出"选项直接输出为 3D DWG 格式的文件。还可以直接将 DWG 文件转换为 PDF 文件，AutoCAD2007 提供了一个 DWG to PDF 的虚拟打印机，可以非常方便地将设计图形输出为 PDF 格式，方便了文件的交换。

1.3 AutoCAD 2007 工作界面

工作界面（如图 1-3-1）主要由标题栏、菜单栏、绘图窗口、命令提示区、滚动条、状态栏等部分组成。下面就分别对它们进行介绍：

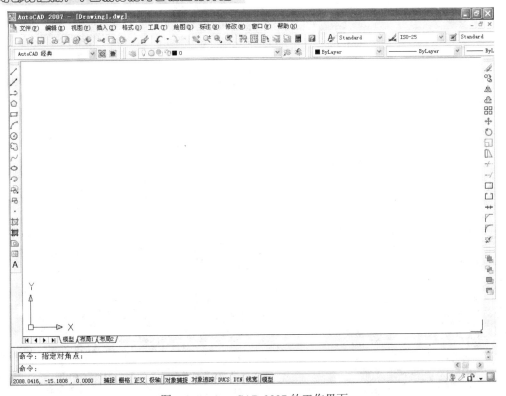

图 1-3-1　AutoCAD 2007 的工作界面

1.3.1 标题栏

在这一栏中，所操作的图形文件的名称会有所显示（如图 1-3-1-1），并可对 AutoCAD 文件进行最大化、最小化及关闭操作。

图 1-3-1-1　标题栏

1.3.2　菜单栏

在 AutoCAD 2007 标题栏下方是 AutoCAD 2007 的菜单栏，如图 1-3-2-1 所示，点击菜单栏中的任意一项都会弹出相应的下拉菜单，并且在菜单中可能还包含有子菜单。几乎所有的 AutoCAD 2007 的绘图命令都包含在这些菜单中。

图 1-3-2-1　菜单栏

AutoCAD 菜单选项有以下 3 种形式

- ✓ 菜单项后面带有三角形标记，点击 ▶，弹出子菜单，可作进一步选择（如图 1-3-2-2）。
- ✓ 菜单项后面带有省略号，如 文字样式(S)...，选择这种命令，屏幕上会弹出对应该命令的对话框，可在该对话框中设置有关选项，执行相应操作（如图 1-3-2-3）。
- ✓ 还有些菜单，点击后直接执行操作命令（如图 1-3-2-4）。

图 1-3-2-2　带有子菜单的菜单命令

图 1-3-2-3　可激活对话框的菜单命令

图 1-3-2-4　可直接执行的菜单命令

1.3.3 工具栏

工具栏提供了命令操作的快捷方式,AutoCAD 2007 提供了 35 个工具栏,缺省时显示【标准】【对象特性】【绘图】【修改】等四个工具栏(如图 1-3-3-1)。

图 1-3-3-1　AutoCAD 缺省状态默认的四个工具栏

- ✓ 单击工具栏中的命令按钮,直接执行命令。
- ✓ 命令按钮的右下角有小三角标记,表明这里还包含其他子命令(如图 1-3-3-2),单击这个按钮并按住鼠标,拉出该命令下的子命令按钮。

图 1-3-3-2　含子命令的命令

✓ 可根据需要打开或关闭工具栏（如图 1-3-3-3）：

移动光标到任一个工具栏上，点击右键，弹出光标菜单（这个菜单上列出了所有工具栏的名称），若工具栏名称前带有"√"标记，则表示该工具栏已经打开，点击这个名称就可打开或关闭相应工具栏。

图 1-3-4-1　十字光标

图 1-3-3-3　工具栏光标菜单

图 1-3-4-2　坐标系图标

1.3.4　绘图区域

设计图形的工作主要都在绘图区完成，绘图区可以是无穷大的，也可以根据需要设定。

✓ 鼠标在绘图区移动时，会显示出十字光标（如图 1-3-4-1）在跟随移动，十字光标在作图中用来确认鼠标的位置，进行绘图或选择对象。

✓ 绘图的左下角是坐标系光标（如图 1-3-4-2），它用来表示绘图时的坐标系形式，根据工作需要，可对该坐标系图标进行设置。

如果作图时因所需的工具栏太多，而缩小了实际的绘图区域时（如图 1-3-4-3）可以开启屏幕菜单：在菜单栏中选择"工具"菜单中的"选项"命令，弹出"选项"对话框，激活"显示"选项，在其选项组中选中"显示屏幕菜单"复选框（如图 1-3-4-4），即可开启屏幕菜单（如

图 1-3-4-5），屏幕菜单包含了大部分绘图命令。

图 1-3-4-3 所需工具栏太多而占据绘图区域

图 1-3-4-4 开启"显示屏幕菜单"

图 1-3-4-5 绘图区右侧的"屏幕菜单"

1.3.5 命令提示区

AutoCAD 执行的每一个动作都是建立在相应命令的基础上的，命令提示区位于绘图区域的下面，点击工具栏中的命令或从键盘输入的快捷命令、AutoCAD 的提示及相关信息都反映在此窗口（如图 1-3-5-1），可以通过鼠标的拖动来改变这个区域的大小。

图 1-3-5-1　命令提示区

要了解更多的历史命令，点击 F2 键可打开文本窗口（如图 1-3-5-2），再次点击 F2 键可关闭此窗口。

图 1-3-5-2　命令提示文本窗口

1.3.6　滚动条

绘图区的右侧和底边都有滚动条，当拖动滚动条滑块或点击两端的箭头时，绘图窗口中的图形就会沿水平或垂直方向移动显示。

1.3.7　状态栏

状态栏位于命令提示区的下方，主要用于显示当前光标的坐标，还用于显示和控制捕捉、栅格、正交、极轴追踪、对象捕捉、对象追踪、DUCS、DYN 线宽显示的状态（被按下时为开），如图 1-3-7-1。

图 1-3-7-1　状态栏

- ✓ 捕捉　打开【捕捉】光标只能在 X 轴、Y 轴或极轴方向移动固定的距离，这样有利于光标的精确移动。将鼠标放在"捕捉"上点击右键，在弹出的对话框中选择"设置"，草图设置对话框（如图 1-3-7-2）弹出，在"捕捉与栅格"选项组中可以设置 X 轴、Y 轴或极轴捕捉间距。
- ✓ 栅格　栅格也用于辅助定位，打开栅格显示时，屏幕上布满小点。栅格的 X 轴、Y 轴或极轴间距也可在此对话框中显示（如图 1-3-7-2）。
- ✓ 正交　打开正交模式，绘制出的直线就只能是垂直直线、水平直线和 45°倾斜直线。

图 1-3-7-2　捕捉和栅格设置

✓ 极轴　打开极轴功能，光标会按照设定的极轴方向移动，AutoCAD 将在该方向上显示一条追踪辅助线（如图 1-3-7-3），在"草图设置"对话框中，选择"极轴追踪"选项组，可以对极轴追踪进行设置（如图 1-3-7-4）。

图 1-3-7-3　极轴追踪　　　　　　　图 1-3-7-4　设置极轴追踪

✓ 对象捕捉　当绘制几何图形时，对象捕捉是非常有用的工具。圆心，直线的端点、中点、交点、最近点等都是精确作图时希望捕捉到的点（如图 1-3-7-5）。把鼠标放在【对象捕捉】上点击右键，在弹出的对话框中选择"设置"，弹出"草图设置"对话框,选择"对象捕捉"选项组,可以对捕捉对象进行设置(如图1-3-7-6)。

图1-3-7-5 利用对象捕捉找到中点

图1-3-7-6 设置对象捕捉

✓ 对象追踪 打开"对象追踪",通过捕捉对象上的捕捉点,沿正交方向或极轴方向拖动光标,系统将显示光标当前的位置与捕捉点之间的相对关系,可以快捷地找到符合要求的点(如图 1-3-7-7)。

图 1-3-7-7 对象捕捉追踪定位

✓ DUCS 用于允许或禁止动态的 UCS 坐标。

AutoCAD2007 中可以使用动态 UCS 在三维实体的平整面上创建对象,而无需手动更改 UCS 方向。在执行命令的过程中,当将光标移动到面上方时,动态 UCS 会临时将 UCS 的 XY 平面与三维实体的平整面对齐。当将动态 UCS 激活后,指定的点和绘图工具(例如极轴追踪和栅格)都将与动态 UCS 建立的临时 UCS 相关联。

✓ DYN AutoCAD2007 新增了动态输入的功能,使用动态输入,可以在工具栏提示而不是命令行中直接输入坐标值。当光标移动时,光标旁边显示的工具栏提示信息将随着光标的移动而动态更新。当某个命令处于活动状态时,则可以在工具栏提示中输入值。

动态输入有两种类型:指针输入,用于输入坐标值;标注输入,用于输入距离和角度值。

将鼠标放在"DYN"上单击鼠标右键,在弹出的对话框中选择"设置",弹出"草图设置"对话框(如图 1-3-7-8),单击指针输入对应的设置按钮,可以对指针输入格式及可见性等进行设置(如图 1-3-7-9)。单击标注输入对应的设置按钮,可以对标注输入的可见性进行设置(如图 1-3-7-10)。

打开指针输入后,在绘图区域中移动光标时,光标处将显示坐标值。在某个命令执行状态时可输入坐标,并按 TAB 键将焦点切换到下一个工具栏提示,然后输入下一个坐标值(如图 1-3-7-11)。在指定点时,第一个坐标是绝对坐标。第二个或下一个点的格式是相对极坐标。如果需要输入绝对值,请在值前加上前缀井号 (#)。

启用"标注输入"后,坐标输入字段将与正在创建或编辑的几何图形上的标注绑定。工具栏提示中的值将随着光标的移动而改变。

图 1-3-7-8　动态输入设置

图 1-3-7-9　指针输入设置

图 1-3-7-10　标注输入设置

图 1-3-7-11 动态输入

- ✓ 线宽　画图时可以为图层或图形单体设置不同的线型和宽度，若需要显示线的宽度时，点击这个按钮，不需要显示时，再次点击关掉（如图 1-3-7-12）。

图 1-3-7-12　线宽设置（左图线宽开启，右图未开启）

- ✓ 模型/图纸　这个按钮用于在模型空间和图纸空间之间切换，AutoCAD 提供了这两种不同的工作空间，以适应不同的要求。通常情况下，作图是在模型空间中进行的（如图 1-3-7-13），当希望打印图纸时，可利用图纸空间安排图纸布局（如图 1-3-7-14）。

图 1-3-7-13　模型空间　　　　　　　　图 1-3-7-14　图纸空间

你知道吗？

系统常用功能键

- ✓ F1 键——帮助键。当对命令不明白时，可以通过按 F1 键来寻求帮助。
- ✓ F2 键——CAD 的命令文本窗口开启键。
- ✓ F3 键——"对象捕捉"开关键。
- ✓ F6 键——"DUCS"开关键。
- ✓ F7 键——"栅格"开关键。
- ✓ F8 键——"正交"开关键。
- ✓ F9 键——"捕捉"开关键。
- ✓ F10 键——"极轴"开关键。
- ✓ F11 键——"对象捕捉追踪"开关键。
- ✓ F12 键——"DYN"开关键。
- ✓ Enter 键——可执行命令，重复执行上一次命令，或在命令执行过程中，终止某一操作步骤，接着进行下一操作步骤。
- ✓ 空格键——功能基本等同于 Enter 键，对于键盘操作来说，空格键较为顺手。

1.4　AutoCAD 2007 基本设置

在学习后面的知识之前，我们必须先明确几个基本概念，"坐标系"、"模型空间"、"图纸空间"、"图层"和"图形界限"等，在其他概念和操作的讲解中将会经常用到这几个名词。

1.4.1　模型空间和图纸空间

AutoCAD 窗口提供两个并行的工作环境，即"模型"选项卡和"布局"选项卡。可以理解为，模型选项卡就处于模型空间下，布局选项卡就处于图纸空间下，这只不过是一样东西的两种叫法。

运行 AutoCAD 软件后，默认情况，图形窗口底部有一个"模型"选项卡和两个"布局"选项卡。如图 1-4-1-1 所示：

图 1-4-1-1 "模型"和"布局"选项卡

一般默认状态为模型空间，如果需要转换到图纸空间，只要点击相应的布局选项卡即可。通过点击选项卡可以方便地在模型空间和图纸空间之间切换。

（1）模型空间

模型空间就是平常绘制图形的区域，它具有无限大的图形区域，就好像一张无限大的绘图纸，我们可以按 1∶1 的比例绘制主要图形，即在模型选项卡中可以按照实物的实际尺寸绘制图形。

（2）图纸空间

在图纸空间上，可以布置模型选项卡上绘制的平面图形或三维模型的多个"快照"，即"视口"。并调用 AutoCAD 自带的所有尺寸的图纸和已有的各种图框。一个布局就代表一张虚拟的图纸，这个布局的环境就是图纸空间。如图 1-4-1-2。

图 1-4-1-2 图纸空间

在布局空间中还可以创建并放置多个"视口"，还可以另外再添加标注、标题栏或其他几何图形。通过视口来显示模型空间下绘制的图形。每个视口都能以指定的比例显示模型空间的图形。

布局可以创建多个并自行取名，每个布局都可以包含不同的打印设置和图纸尺寸。

AutoCAD 软件的开发者之所以设计模型空间和图纸空间，其目的就是便于使用者在模型空间中设计图形，而在图纸空间中进行打印准备并输出图形。

什么是科学的制图步骤呢？

一般来说，正确的制图及最后输出的过程应该是：

- ✓ 在"模型"选项卡上创建图形。
- ✓ 配置打印设备。
- ✓ 创建布局选项卡。
- ✓ 指定布局页面设置,如打印设备、图纸尺寸、打印区域、打印比例和图形方向。
- ✓ 将标题栏插入到布局中(除非使用已具有标题栏的样板图形)。
- ✓ 创建布局视口并将其置于布局中。
- ✓ 设置布局视口的视图比例。
- ✓ 根据需要,在布局中添加标注、注释或创建几何图形。
- ✓ 打印布局。

实际工作中,一般的室内和家具制图,在不涉及三维制图、三维标注和出图的情况下,不需要打印多个视口,这样,创建和编辑图形的大部分工作都是在模型空间中完成的。并且,可以从"模型"选项卡中直接打印出图。

1.4.2 图形界限

"图形界限"可以理解为模型空间中的一个看不见的矩形框,在 XY 平面内表示能绘图的区域范围。但是图形不能在 Z 轴方向上定义界限。

我们可以通过以下方法调用"图形界限"命令:

单击"格式"菜单选项中的"图形界限"命令;

或者在命令行输入"Limits"命令。

运行命令后,命令行提示:

指定左下角点或 [开(ON)/关(OFF)] <0.0000,0.0000>:(鼠标在绘图区单击或者在键盘输入坐标以指定左下角点;通常情况下我们会将系统默认的 0,0 作为原点,直接回车确认即可。)

指定右上角点 <420.0000,297.0000>:(根据实际需要指定右上角点的坐标。)

在 AutoCAD 2007 中可以打开 DYN(动态输入),直接在动态输入的工具栏中输入左下角点和右上角点的坐标,以设置图形界限。

需要注意的是,默认条件下,设置完两个角点后,图形界限是关闭的,就是说图形界限检查不起作用,用户还是可以输入图形界限限制之外的点。只有运行"limits"命令后在提示后输入 ON,开启界限检查,图形界限的限制才发生作用。这时如果试图输入限制以外的点,命令行将会提示:"**超出图形界限"。

如何查看图形界限?

想要直观地查看设置的图形界限,有一个简单的办法。因为图形界限将决定能否显示栅格网格点的绘图区域。不论输入"limits"命令后,设置为 ON 还是 OFF,开启栅格显示后,都将只能在图形界限设置值的范围内显示栅格点。所以可以在屏幕底部单击"栅格"按钮,栅格显示的区域就是图形界限的区域,如图 1-4-2-1:

图 1-4-2-1　开启栅格表示图形界限

1.4.3　设置单位、角度和比例

(1) 设置单位格式和角度惯例

在 AutoCAD 中,我们可以采用 1∶1 的比例来绘制图形,也就是按照图形的实际尺寸绘制,因此在绘制前就要选择正确的单位。一般国内习惯使用公制,在建筑和室内及家具行业,一般精确度要求达到 1 毫米(mm)。

在 AutoCAD2007 中,设置单位格式与精度的步骤如下:

单击"格式"菜单下的"单位",或在命令行输入"UNITS",则会弹出"图形单位"对话框,可以来设置绘图时的长度单位、角度单位,以及单位的格式和精度等,如图 1-4-3-1:

在 "长度"框中的下拉菜单内选择长度类型和精度,我们一般选择"小数",精度为 0。在"角度"框中的下拉菜单内选择角度类型、精度和方向。

点击 方向(D)... 弹出"方向控制"对话框,如图 1-4-3-2 默认起点角度为 0°,朝向 3 点钟方向为正方向(正东),并且默认情况下,角度以逆时针方向为正方向。"输出样例"区域显示了当前精度下的此单位格式的样例。选择"确定"完成设置。

图 1-4-3-1 "图形单位"对话框　　　　图 1-4-3-2 "方向控制"对话框

（2）设置绘图比例

绘图比例和最终打印出图时的输出比例息息相关，没有接触过 AutoCAD 的新手可以先跳过此章节，或者只是粗略了解，学习过基本绘图的各种操作后，在需要打印出图时再仔细地研究这个比例。

绘图比例就是图纸距离与实际距离的比值（图纸上绘制的对象的尺寸与图形所表示的对象的实际尺寸的比值）。例如，在建筑图形中每一毫米可能表示房间平面布置图的一米，这时的比例就是 1∶1000。

传统的手工制图使用铅笔或者针管笔在纸上绘图，一般是在画图之前根据图纸大小和要画的图形的大小先确定比例，以使图形布满图纸并且美观。而在 AutoCAD 中，矢量图形在屏幕上显示的时候可以无限放大和缩小的，也就是说在屏幕上既可以放大显示出城市里一粒微尘的显微结构，也可以缩小显示整个城市的地图，这就为绘图提供了极大的便利。因为，只要按照物体实际的尺寸在电脑中绘制，最终打印输出时再控制打印机输出的比例，就可以得到各种精确比例的图纸。

也就是说，在图形绘制阶段，根本不用像在纸上画图一样，先计算出实际尺寸需要用图纸上的多少来表示后再画图，直接按照实际尺寸绘制即可。

但是，对于以下对象需特殊处理：
- ✓ 在模型空间中绘制的文字；
- ✓ 在模型空间中绘制的标注；
- ✓ 非连续线型；
- ✓ 填充图案；
- ✓ 在布局视口中的视图。

这些对象和直接绘制的图形不同，在打印出图前则必须缩放这些元素以确保在最终的图纸上得到它们的正确尺寸。

就是说图形是按照 1∶1 的实际尺寸绘制，但是以上对象必须应用正确的比例因子才能保证在屏幕显示和图纸上都得到正确的尺寸关系。

如果计划从"模型空间"打印图形并输出到图纸，就应该通过将图形比例转换为比例 $1:n$ 的形式计算出精确的比例因子，并将这个比例因子应用于以上 5 个对象。这个比例的意思是，1 个打印单位代表 n 个正在绘制对象的实际尺寸的图形单位。

例如，按照实际尺寸在 AutoCAD 中绘图，如果出图比例为 1：100，即打印出的图纸上的 1mm 代表实际距离 100mm，那么比例因子就为 100。在上面 5 个对象比例因子的设置中，应该设置为 100。

以文字为例，按照建筑制图的国家标准，打印出的 A3 图纸上的尺寸标注的数字高度应为 3mm，如果默认比例因子为 1，就需要在输入文字时，控制文字的高度为 300 个单位高，这样在打印输出时选择 1：100 的输出比例才能保证图纸上的文字高 3mm。

而如上述方法将输入文字的高度设定为：文字高度＝图纸要求高度×比例因子。这只是一种办法，但并不是最简便的方法，这导致了其他对象（如非连续线型）的相对关系也需要更改。简便的办法就是：按照国标，确定文字高度为 3mm，输入文字时，指定文字高度也为 3 个单位高，但是，控制文字的比例因子为 100，这样 1：100 的出图比例就方便地得到了。

应用比例因子的方便还在于，如果需要输出 1：50 的图纸，只要把比例因子改为 50 即可。而设置好文字高度、标注尺寸、非连续线型、填充图案和视口的比例因子后，对完成的图形，可以通过简单的调整比例因子就实现按任何比例打印图纸，或者按照不同的比例打印模型的不同视图的目的。

总结一下，应该这样控制：

文字：创建文字时设置文字高度或在文字样式中设置固定的文字高度，在模型空间内的文字，高度应按比例因子增大，或者保持实际尺寸而更改比例因子。若直接在布局空间上创建的文字应设置为真实大小 (1：1)。

标注：在标注样式中设置标注比例。直接在布局上创建的标注应设置为真实大小 (1：1)。

线型：对于从模型选项卡（模型空间）打印的对象，应该使用 CELTSCALE 和 LTSCALE 系统变量设置非连续线型的比例。对于从布局选项卡（图纸空间）打印的对象，应该使用 PSLTSCALE 系统变量进行设置。

填充图案：在"边界图案填充"对话框和"填充"对话框（BHATCH）中设置填充图案比例。

视图：从布局选项卡（图纸空间）打印时，需要使用 ZOOM XP 命令，其中 XP 是视图相对于图纸尺寸的比例（比例因子的倒数）。

由于比例的概念过于抽象，难于弄清，初学者可以先作一般理解，在文字、标注、线型、填充图案、视图和打印出图的章节中还会结合例子详细讲解。

1.4.4 坐标系

这一节将介绍坐标系、世界坐标系（WCS）、用户坐标系（UCS）、绝对直角坐标、相对直角坐标、绝对极坐标和相对极坐标的概念和设置。

坐标系用来定位物体的绝对位置和相对位置。在 AutoCAD 中，针对定制对象的不同，分为世界坐标系（WCS）和用户坐标系（UCS）。按照坐标参考点的不同可以分为绝对坐标系和相对坐标系；按照坐标轴的不同，可以分为直角坐标系、极坐标系、球坐标系、柱坐标系。后两者主要用于三维实体的绘制。恰当地选择使用各种坐标系，对提高绘图效率至关重要。本章节主要讲解世界坐标系、用户坐标系、直角坐标系和极坐标系。

（1）世界坐标系（WCS）

世界坐标系（WCS），是 AutoCAD2007 的默认设置，存在于每一个图形文件之中，是固定不变无法更改的坐标系。在 WCS 中，原点是图形左下角 X 轴和 Y 轴的交点(0,0)，X 轴是水平的，Y 轴是垂直的，Z 轴垂直于 XY 平面，指向显示屏幕的外面（如图 1-4-4-1）。

图 1-4-4-1　操作界面两种不同背景颜色时，世界坐标系 WCS 的显示情况

（2）用户坐标系（UCS）

在 AutoCAD 中我们经常需要修改坐标系的原点和方向，即把世界坐标系转变为用户坐标系。UCS 是可移动和旋转的坐标系。实际上所有的坐标输入都使用当前的 UCS，或者说，只要是用户正在使用的坐标系，都可以称为用户坐标系即 UCS。

进行用户坐标系设置的操作可以采用以下方法调用 UCS 命令：

单击"UCS"工具按钮：⌐；

或单击"工具"菜单中的"新建 UCS"、"命名 UCS"、"移动 UCS"等；

或在命令行输入：UCS。

如何新建坐标原点？

在作图时，有时需要新建坐标原点，这样在接下来的绘制时就可以从零开始，使计算简单化，是一种方便绘图的好方法，使处理图形的特定部分变得更加容易。可以通过移动 UCS 或新建原点来很方便地实现。

- ✓ 单击"工具"菜单中的"移动 UCS"，此时鼠标指针变为十字，捕捉图形上你所需要变为新原点的点，该点就成了新坐标系的原点。
- ✓ 单击"工具"菜单中的"新建 UCS——原点"，鼠标指针也变为十字，操作方法如上，也可以指定新的原点。

如图 1-4-4-2：

（3）绝对直角坐标

直角坐标系就是通过指定坐标原点（0,0）和通过原点的两条相互垂直的有方向的直线为坐标轴，一个点的坐标就是指这个点相对于坐标原点的坐标值，也就是这个点距离 X 轴、Y 轴的距离。一般表达的方式为（x,y），例如：点（5,4）表示这个点在 X 轴正方向上距离原点 5 个单位，在 Y 轴正方向上距离原点 4 个单位的点的坐标值。如图 1-4-4-3：

图 1-4-4-2　用户坐标系新建的原点

（4）相对直角坐标

一个点的相对直角坐标值即指其相对于非原点的点的相对值。在 AutoCAD2007 中，相对坐标表示的是一个即将画出的新点相对于最近一次操作的点的坐标，其表示方法为（@x,y）。例如：一个点的绝对直角坐标值为（4,3），那么这个点相对于点（5,4）的相对直角坐标为（@-1,-1）。相对直角坐标的采用可以方便绘图时坐标值的计算。接着上一个例子的操作，如果要画点（4,3），可以直接输入（4,3），也可以输入相对坐标（@-1,-1），如图 1-4-4-4：

图 1-4-4-3　绝对直角坐标　　　　　　　图 1-4-4-4　相对直角坐标

需要注意的是输入相对坐标一定要弄清楚是相对于谁的坐标。

（5）绝对极坐标和相对极坐标

绝对极坐标是通过指定点距离原点的距离和角度来确定点的位置。原点向右的水平方向为距离的正方向，逆时针旋转方向为角度的正方向。其表示方法为（P<ρ）即（距离值<角度值）中间用小于号（键盘上逗号上面的符号）来间隔。

相对极坐标就是指点相对于最近一次操作结束时的点的极坐标值。用（@ $P<\rho$）表示。例如：利用极坐标作点 A（200<30）后，利用相对坐标作点 B（@200,15），这样一个边长为 200，顶角为 165°的等腰三角形△OAB 便轻易地得到了。可以看到 B 点是以 A 点为相对点，距离 A 点 200 个单位，以 A 点水平向右为正方向逆时针旋转 15°得到的。如果在输入 B 点坐标时忘记输入相对坐标的标识符@，将得到点 C（200<15）即距离原点 200 个单位，从水平向右为正方向逆时针方向旋转 15°。需要注意的是：不论是相对极坐标还是绝对极坐标，其角度都是从相对点（绝对坐标可以把原点看作相对点）水平向右为正方向逆时针开始计算的。如图 1-4-4-5：

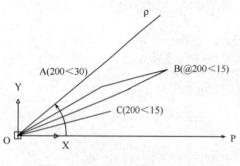

图 1-4-4-5　绝对极坐标和相对极坐标

（6）坐标值的显示

AutoCAD 在窗口底部的状态栏中以坐标形式显示当前光标的位置。如图 1-4-4-6：

```
50.1202,  618.7993 , 0.0000
```

图 1-4-4-6　坐标的显示

有三种坐标显示的类型：

Ⅰ. 移动光标时，动态显示会更新 X,Y 坐标位置，如上图。

Ⅱ. 移动光标时，距离和角度显示会更新相对距离（距离<角度）。此选项只有在绘制需要输入多个点的直线或其他对象时才可用。例如：画直线，输入第一点坐标后，在指定第二点坐标之前即如图 1-4-4-7 所示。

```
427.0399< 29       , 0.0000
```

图 1-4-4-7　坐标的显示

Ⅲ. 在指定点时，静态显示才会更新 X,Y 坐标位置。这时，坐标值显示状态栏变为灰色，只有在指定了新的点的坐标的时候，数值才会更新为新点的坐标值，如图 1-4-4-8。

可以通过单击状态栏右侧的箭头，然后单击"光标坐标值"。旁边带有复选标记的项目将显示在状态栏中。也可以通过右键单击状态栏上的空白区域，然后单击"光标坐标值"。如图 1-4-4-9。

```
-65.7906, 219.1110, 0.0000
```

图 1-4-4-8　坐标的显示

图 1-4-4-9　"光标坐标值"

目前选中所有的可显示项目，状态栏如图 1-4-4-10 所示。

图 1-4-4-10 状态栏显示内容

如果不复选"光标坐标值"一项，即没有黑色对勾显示，则状态栏中便不显示坐标值一项。

1.4.5 图层

这一节将主要介绍 AutoCAD2007 的图层管理器，其中又涉及到颜色、线型、线宽和这些概念的相关知识，由于其既包容于图层的特性之内，又有一定的独立性，因此叙述中将互相交融。读者初期学习可能会有一点困难，但是在实际操作后就会有比较深刻的理解和体会。

（1）图层的概念

图层就像是透明的硫酸纸，每张图纸上有不同的内容，重叠在一起构成完整的一张图。使用图层可以很好地组织不同类型的图形信息。比如，不同的图层可以具有不同的线宽、线型和颜色，也可以把尺寸标注、文字注释等设置到单独的图层以便于编辑。然后通过控制图层是否可见、是否可编辑以及打印样式等特性来控制该图层上的图形。如图 1-4-5-1 所示：

图 1-4-5-1 图层的概念

（2）图层特性管理器

AutoCAD2007 通过"图层特性管理器"来管理图层和图层特性。
可以通过以下几种方法打开"图层特性管理器"：
单击图层工具栏的按钮；
或单击"格式"菜单中的"图层"；
或在命令行输入：layer。
执行命令后，弹出"图层特性管理器"。如图 1-4-5-2 所示。
在"图层特性管理器"中，我们可以进行以下内容的设置：
✓ 新建图层

在"图层特性管理器"中，点击"新建图层"按钮 可以创建新的图层，新图层自动显蓝色，此时可以输入图层名称（如图 1-4-5-3），最长可以使用 255 个字符的字母或数字命名，再次点击"新建图层"按钮或直接回车，则再次创建新的图层，新建的图层自动继承上一层的特性，如颜色、线型、线宽、打印样式等。

图 1-4-5-2 "图层特性管理器"

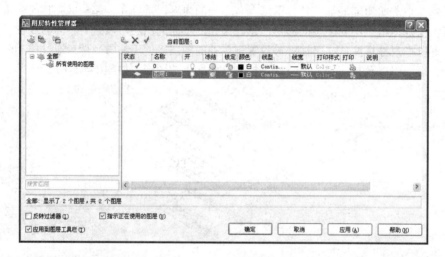

图 1-4-5-3 新建图层

- ✓ 删除图层

选中图层后,点击"删除图层"按钮 ✖ 来删除图层,但是被设置为当前的图层和 0 图层无法删除。

- ✓ 设置当前图层

图层有两种,当前层和非当前层,一个图形只能有一个当前层。单击任一图层,选中显蓝色后,可以点击"置为 ✓"按钮,把它作为即将要进行操作的图层,也可以在"图层工具栏"的下拉菜单中选中这一图层或者双击选定的图层以达到同样目的,但是依赖外部参照和已经被冻结的图层无法被置为当前。将某一图层设置为当前图层后,任何随后创建的对象都与这一新的当前图层相关联并使用其颜色和线型。

- ✓ 新特性过滤器

与以前的版本不同,AutoCAD 2007 对图层过滤器进行了改进,称为"新特性过滤器"。单击"新特性过滤器"按钮(快捷键:Alt+P),弹出"图层过滤器特性"对话框,如图1-4-5-4。在该对话框中可以利用各个图层的不同状态来控制其是否显示在图层特性管理器中,如可以显示所有未锁定的图层，或显示所有颜色为红色的图层等。还可以通过过滤器迅速找到具备某相关特性的所需要的图层。这对于操作图层很多很复杂的图形是很方便的。设置好后，单击"确定"按钮，在"图层特性管理器"中就增加了一个过滤器。

图 1-4-5-4　"图层过滤器特性"对话框

- ✓ 增加新组过滤器

单击"新组过滤器"按钮（快捷键：Alt+G），就会增加一个新组，如图 1-4-5-5。可以在这个新组中新建图层，并对其进行各个属性的设置。

图 1-4-5-5　增加新组过滤器

- ✓ 图层状态管理器

单击"图层状态管理器"按钮（快捷键：Alt+S），弹出"图层状态管理器"对话框，如图 1-4-5-6。单击"新建"，弹出"要保存的新图层状态"对话框，如图 1-4-5-7。在"新图层状态名"处输入名称，确定后就可以对图层的状态进行设定。该功能可以保存图形的当前图层设置，以后可以恢复此设置。在对话框中可以选择需要保存的图层状态（包括图层是否打开、冻结、锁定、打印等）和图层特性（包括颜色、线型、线宽和打印样式）。

图1-4-5-6 "图层状态管理器"对话框

图1-4-5-7 "要保存的新图层状态"对话框

（3）图层特性和状态的控制

在选定的图层的图层名上点击，使其反显，则可以编辑图层名称。图层的名称将按照英文字母的顺序排列。

✓ 开关图层

单击黄色灯泡💡使其变为蓝色灯泡🔦，则图层被关闭。当再次打开图层时，图层上的对象将自动重新显示。关闭当前图层时，系统会出现消息对话框以警告。

✓ 冻结和解冻图层

单击黄色太阳☀使其变为蓝色雪花❄，则图层被冻结。可以通过解冻来重新显示冻结的图层。注意：不能冻结当前图层，也不能将冻结图层改为当前层。

关闭或冻结图层后，这一图层的图形都将不再显示在绘图区域，而且也不能打印输出。两者还有不同之处就是冻结的对象不参加图形处理过程中的运算，而关闭的图层则要参加，因此在比较复杂的图形中冻结暂时不需要的图层，可以加快系统重新生成的速度。

- ✓ 锁定/解锁图层

单击黄色打开的锁头 使其变为蓝色锁上的锁头 ，则图层被锁定。锁定图层后，图层上的对象都不可以修改，除非解锁该图层。如果不希望图层上的内容被以后的操作影响，锁定图层可以防止这样的误操作。同时锁定图层上的对象仍然可以使用对象捕捉，并且可以执行除修改对象外的其他操作。

- ✓ 打印控制

点击打印机图标 ，使其变为 的样子，则该图层在打印时不输出到图纸，也就是说，在打印出来的图纸上将看不到这一图层的内容。

（4）设置图层颜色

在颜色前的小色块上点击，就可以弹出"选择颜色"对话框，还可以通过以下方法打开"选择颜色"对话框，来实现对该图层上对象默认的初始颜色的控制。

单击"格式"菜单中的"颜色"；

或在命令行输入：color。

在对话框中可以使用 AutoCAD 颜色索引或者真彩色以及其他配色系统来选择颜色。如图 1-4-5-8：

如果"特性"工具栏上的"颜色"控件设置为 BYLAYER，即颜色随层，那么新建对象的颜色就取决于图层特性管理器中此图层的颜色设置，如图 1-4-5-9。如果用户需要该图层上的对象具有不同于默认的图层颜色，可以在对象特性工具栏的颜色特性下拉框中选择其他颜色。

图 1-4-5-8 "选择颜色"对话框

图 1-4-5-9 "颜色"设置为 ByLayer

（5）设置图层线型

线型是由线、点和空格组成的图样。可以通过图层指定对象的线型，也可以不依赖图层为对象指定其他线型。注意：这里所说的线型不包括以下对象的线型：文字、点、视口、图案填充和块。

在"图层特性管理器"中的线型列的默认的"Continuous"上点击，就可以弹出"选择线型"对话框（图 1-4-5-10），在对话框中默认只有Continuous（实线）一种线型，如果需要虚线、中心线等其他线型则需要额外"加载"。在选择线型对话框中选择此图层所需要使用的线型使其显蓝色，然后确定。

图 1-4-5-10 "选择线型"对话框

点击 加载(L)...，弹出"加载或重载线型"对话框，如图 1-4-5-11，用户可以选择需要的线型。选择时可以配合 Ctrl 和 Shift 键实现多种线型的一次性选择。

（6）设置线宽

在"图层特性管理器"中"线宽"列中单击某一图层对应的线宽，就弹出"线宽"对话框。在线宽对话框中选择需要使用的线宽，然后确定即可，如图 1-4-5-12：

图 1-4-5-11 "加载或重载线型"对话框

图 1-4-5-12 "线宽"对话框

AutoCAD2007 支持从 0.00mm 到 2.11mm 的线宽选择。在建筑、室内及家具设计行业内都有自己的制图规范，其中规定了各种线型所指定使用的线宽。

在模型空间中，线宽以像素显示，并且在缩放时不发生变化。因此，在模型空间中精确表示对象的宽度时不应该使用线宽，而应该使用多段线宽度的设置。例如，如果要绘制一个实际宽度为 0.5 英寸的对象，就不能使用线宽而应该用宽度为 0.5 英寸的多段线表现对象。

通过以下几种方法可以访问"线宽设置"对话框：

单击"格式"菜单中的"线宽"；

或在命令行输入：lweight；

或在状态栏上的"线宽"按钮 显示/隐藏线宽 上单击右键，然后选择"设置"；

或者在"选项"对话框的"显示"选项卡上选择"线宽设置"。

弹出"线宽设置"对话框，如图 1-4-5-13：

在对话框中可以更改系统默认的线宽单位，一般设置为 0.25 毫米。线宽在屏幕上显示的相对粗细就由"调整显示比例"的滑块决定。

线宽的显示在模型空间和图纸空间布局中是不同的。在模型空间中，0 值的线宽显示为一个像素，其他线宽使用与其真实单位值成比例的像素宽度。而在图纸空间布局中，线宽以实际打印宽度显示。

图 1-4-5-13　"线宽设置"对话框

在模型空间中显示的线宽是不随缩放比例因子变化的。例如，无论如何放大，以四个像素的宽度表现的线宽值总是用四个像素显示。要想使对象的线宽在模型选项卡上显示得更大些或小些，就需要使用线宽设置它们的显示比例（显示比例的更改并不影响线宽的打印值）。

在布局和打印预览中，线宽是以实际单位显示的，并且随缩放比例因子而变化。可以通过"打印"对话框的"打印设置"选项卡来控制图形中的线宽打印和缩放。

在图纸空间布局中，可以通过单击状态栏上的"线宽"打开或关闭线宽的显示。此设置不影响线宽打印。

（7）图层工具栏

图层特性管理器中的各个图层属性的修改也可以在图层工具栏简单实现。在图层特性管理器中讲解的各种图标操作同样适用于图层工具栏。

图层工具栏如图 1-4-5-14 所示：

图 1-4-5-14　图层工具栏

当鼠标指向各个图标时，系统会自动提示其功能。如图 1-4-5-15 所示：

图 1-4-5-15　图层工具栏

✓　切换当前图层

选择想在上面进行操作的图层中的对象，之后点击"将对象的图层置为当前"的图标，就可以方便地在此图层上进行针对此图层的操作，之后所创建的对象自动继承此图层的各种特性。

✓　放弃图层设置

如果对图层进行若干设置后想放弃之前所作的一系列操作，回到一开始的图层设置状态，可以点击"上一个图层"图标，放弃对图层设置所作的更改。

可以像在"图层管理器"中一样，通过鼠标点击灯泡、太阳、锁头等图标来实现图层状态的控制。

1.4.6 图形的缩放与平移

（1）图形的缩放

在 AutoCAD 的绘图过程中，有时会希望改变图形在屏幕中显示的大小，如要观察图形的某个细节或看图形的整体效果，这就需要对图形的显示进行放大或缩小。我们可以利用"缩放"功能来实现。

使用"缩放"功能可以有以下办法：

使用"缩放"工具栏；

或单击"视图"菜单中的"缩放"，使用其中的子命令；

或在命令行输入 ZOOM，

命令行提示：指定窗口角点，输入比例因子 (nX 或 nXP)，或

[全部(A)/中心点(C)/动态(D)/范围(E)/上一个(P)/比例(S)/窗口(W)] <实时>：

命令提示中的各项与"视图"菜单中的"缩放"中的子命令，以及"缩放"工具栏中的各项都是一一对应的，我们习惯上会使用"缩放"工具栏，这样更为简便和直观。如图 1-4-6-1：

此外，在"标准"工具栏还有"实时"缩放工具 和"缩放上一个" 。

图 1-4-6-1 "缩放"工具栏

下面逐一对以上工具进行讲解。

✓ "实时"缩放

单击该工具按钮，光标会变为放大镜符号，当按住鼠标左键拖动光标时，图形的大小也随之改变。向上拖动，则图形放大，反之向下拖动，则图形缩小。释放鼠标按钮后缩放停止。

✓ "窗口"缩放

通过在屏幕上拾取两个对角点来确定一个矩形窗口，被选中的矩形窗口内的图形会被放大到整个屏幕。如下列例子，在图形右上角利用"窗口"缩放先选择一个矩形区域，如图 1-4-6-2：

单击鼠标左键确定，则刚才选中的矩形区域内的图形被放大到整个屏幕。如图 1-4-6-3：

✓ "动态"缩放

在动态缩放模式中，屏幕上会显示一个中心带"×"的矩形方框，且当鼠标移动时，这个矩形框也会随着一起移动如图 1-4-6-4，确定位置后单击鼠标左键，"×"会消失，而矩形的右边框处又会出现一个箭头，拖动鼠标可以改变窗口的大小，如图 1-4-6-5。选择好后，按回车键结束，刚才选中的图形就被放大了，如图 1-4-6-6。

✓ "比例"缩放

以一定的比例来缩放图形，当单击该工具按钮时，命令行会提示输入比例因子：

[全部(A)/中心点(C)/动态(D)/范围(E)/上一个(P)/比例(S)/窗口(W)] <实时>：_s

输入比例因子 (nX 或 nXP)：

图 1-4-6-2 选择放大区域

图 1-4-6-3 图形被放大

图 1-4-6-4 "动态"缩放模式

图 1-4-6-5 调整矩形区域大小和位置

图 1-4-6-6 放大后的效果

当输入的数字大于 1 时放大图形,等于 1 时显示整个图形,小于 1 时则缩小图形。
- ✓ "中心"缩放

在图形中指定一点,作为新视图的中心点,然后指定一个缩放比例因子或指定高度,来显示新的视图。
- ✓ "缩放对象"

"缩放对象"是 AutoCAD 2007 新增的功能。执行该命令时,光标变为选取框,选择要缩放的对象,一次可以选择多个对象,确定后被选定的对象将重新显示,覆盖整个绘图区域,如图 1-4-6-7,图 1-4-6-8。

图 1-4-6-7　　　　　　　　　　　　图 1-4-6-8

- ✓ "放大"命令

单击该工具按钮一次,则视图放大 1 倍,其默认的比例因子为 2。
- ✓ "缩小"命令

单击该工具按钮一次,则视图缩小 1 倍,其默认的比例因子为 0.5。
- ✓ "全部"缩放

单击该工具按钮,视图以所设置的图形界限或当前图形范围为显示边界,将整个图形中所有的对象显示在屏幕上。即使图形延伸到图形界限以外,也仍显示图形中所有对象,此时显示的边界是图形范围。
- ✓ "范围"缩放

在屏幕上尽可能大地显示所有图形对象,所采用的显示边界是图形范围,而不是图形界限。
- ✓ "缩放上一个"命令

单击该工具按钮可以依次返回前一屏幕的显示,最多可以返回 10 次。

(2) 图形的平移

使用"平移",可以将视图重新定位,以便能看清需要观察或修改的部位。

使用"平移"可以有以下方法:

单击"标准"工具栏中的"实时平移"按钮；

或单击"视图"菜单中的"平移"下的子命令；

或在命令行输入 Pan。

进入"实时平移"模式后,鼠标变成一只小手的形状,按住鼠标左键拖动,可以移动图形的位置，释放鼠标左键，返回到等待状态，按回车键可结束退出使用"平移"命令时，要注意的是图形的显示比例不变。

1.5 AutoCAD 2007 基本操作

在室内或家具设计绘图工作中，基本图形的绘制、编辑、缩放、尺寸及文字标注等操作是非常重要的，设计制图人员也是必须熟练掌握的。

本节将着重介绍在 AutoCAD2007 中，室内或家具设计人员必须非常熟悉的基本操作。

1.5.1 绘制图形

在 AutoCAD2007 中，所有的基本绘图命令都以图标的形式包含在"绘图"工具栏中（如图 1-5-1-1），几乎任何复杂的图形都可以通过这些工具来绘制。

图 1-5-1-1 "绘图"工具栏

（1）绘制直线

直线是基本图形中最常见的图元之一，二维线框图形基本都可由直线构成，绘制一条直线可以采用以下任意一种方法：

- ◇ 在命令行输入"l"（LILE 的缩写）命令；
- ◇ 在"绘图"菜单中选择"直线"命令；
- ◇ 单击"绘图"工具栏中的 ╱。

执行上述操作之一后，用鼠标在绘图区域定下直线的起点位置，再点一下，确定直线第二点位置，然后是第三点、第四点……（如图 1-5-1-2）然后按确认键结束命令。

图 1-5-1-2 绘制直线

如何绘制水平或垂直线？

- ◇ 点击状态栏中的【正交】按钮,开启"正交"功能;
- ◇ 点击 F8 键,开启"正交"功能。

直线如何精确拾取点？

绘制直线时,常常需要将起点或终点定在特殊的点上,这时就需要开启"对象捕捉"功能(如图 1-5-1-3)。

- ◇ 点击状态栏中的【对象捕捉】按钮,开启"对象捕捉"功能("对象捕捉"设置请参见本书前一章节);
- ◇ 点击 F3 键,开启"对象捕捉"功能。

图 1-5-1-3　精确捕捉点绘制直线

如何确定线的长度？

当绘制直线的时候,往往需要有固定长度,这时可以先定下第一点的位置("正交"打开),将光标向需要延伸的方向拉,从键盘输入确切的数值,然后按确认键,再输入另一个方向的位移数值,再按确认键,若想终止,再次按下确认键。

例如,绘制一条长度为 20 的水平线和长度为 5 的垂直线(如图 1-5-1-4)。

如果要绘制的是一条有固定长度的斜线，则在先确定第一点的位置之后，通过键盘输入"@20<45"（极坐标法，"20"表示长度，"45"表示角度；如图 1-5-1-5）。也可以打开动态输入（DYN），直接在动态输入提示栏中输入坐标值。

图 1-5-1-4　绘制有长度直线示意图　　　　图 1-5-1-5　绘制有长度和角度的斜线

（2）绘制构造线

所谓构造线就是两端都无限延长的直线，在设计制图中构造线常常作为辅助线，以下任意一种方法可以绘制构造线：

- ◆ 在命令行输入"Xl"（XLILE 的缩写）命令；
- ◆ 在"绘图"菜单中选择"构造线"命令；
- ◆ 单击"绘图"工具栏中的 ╱。

命令行提示：指定点或 [水平（H）/垂直（V）/角度（A）/二等分（B）/偏移（O）]：

- ✓ 指定点　　系统会以输入的第一点作为构造线通过的一个点。
- ✓ 水平（H）　通过拾取的第一点绘制水平方向的构造线。
- ✓ 垂直（V）　通过拾取的第一点绘制垂直方向的构造线。
- ✓ 角度（A）　通过拾取的第一点绘制一条成指定角度的构造线。
- ✓ 二等分（B）　按指定角度的定点为通过点，以指定角度的等分线为方向绘制一条构造线。
- ✓ 偏移（O）　以一个已有的对象为基准，已指定的距离为偏移距离，绘制与已有对象方向相同，距离该对象为偏移距离的构造线。

（3）绘制多段线

多段线是由等宽或不等宽的直线或圆弧构成的，被视为一个单独对象，也可被分解为多条独立的线段或圆弧（如图 1-5-1-6）。

多段线可以控制线的起始宽度和终止宽度，可以在直线与弧线之间自由转换，还可以控制线的长度，是一种非常有用的绘图工具。

在命令行输入"Pl"（PLILE 的缩写）命令；

- ◆ 在"绘图"菜单中选择"多段线"命令；
- ◆ 单击"绘图"工具栏中的 ⤵。

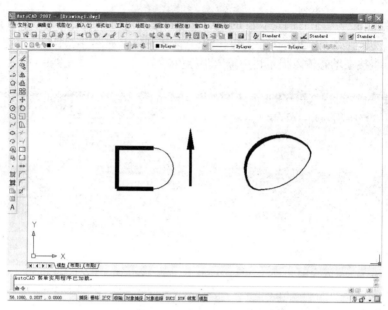

图 1-5-1-6　多段线应用举例

命令行提示：指定下一点或［圆弧（A）/半宽（H）/长度（L）/放弃（U）/宽度（W）］：

- ✓ 指定下一点　　系统默认选项。
- ✓ 圆弧（A）　　将绘制直线方式转到绘制圆弧的方式，输入"A"后确认，系统会进一步提示：指定圆弧的端点或［角度（A）/圆心（CE）/闭合（CL）/方向（D）/半宽（H）/直线（L）/半径（R）/第二个点（S）/放弃（U）/宽度（W）］：

①角度（A）　　根据圆弧包含角绘制圆弧；
②圆心（CE）　　根据圆弧的圆心位置绘制一段圆弧；
③闭合（CL）　　系统用圆弧将当前多段线段闭合，并结束命令；
④方向（D）　　绘制的圆弧在起始点处的切线方向；
⑤半宽（H）　　确定圆弧的起始半宽和终点半宽；
⑥直线（L）　　将绘制圆弧的方式转换成绘制直线；
⑦半径（R）　　根据所给的半径绘制圆弧；
⑧第二个点（S）　　根据指定的三点绘制圆弧；
⑨放弃（U）　　删除上次绘制的圆弧；
⑩宽度（W）　　确定圆弧的起点宽度和终点宽度。

- ✓ 半宽（H）　　系统根据输入的数值确定多段线的半宽度。
- ✓ 长度（L）　　根据指定的长度绘制多段线。
- ✓ 放弃（U）　　系统删除前一次绘制的多段线。
- ✓ 宽度（W）　　确定多段线的起始宽度和终点宽度。

（4）绘制正多边形

- ✧ 在命令行输入"POL"（POLygon 的缩写）命令；
- ✧ 在"绘图"菜单中选择"正多边形"命令；
- ✧ 单击"绘图"工具栏中的 ⬠。

命令行提示:"输入边的数目<4>(默认值是 4):"(可输入多边形的边数,后确认)
命令行提示:"指定多边形的中心点或边长:"(在绘图区域指定中心点或输入边长)
命令行提示:"若选择指定中心点则提示:输入选项[内接于圆(I)/外切于圆(C)]<I>:"
　　(选择内切或是外接,如图 1-5-1-7)
若选择输入边长,则直接按照提示输入边长绘制出多边形(如图 1-5-1-8)。

图 1-5-1-7　多边形绘制(内切圆和外接圆)　　　图 1-5-1-8　多边形绘制(指定边长)

(5)绘制矩形
　　◆ 在命令行输入"REC"(Rectangle 的缩写)命令;
　　◆ 在"绘图"菜单中选择"矩形"命令;
　　◆ 单击"绘图"工具栏中的 □。
命令行提示:指定第一个角点或[倒角(C)/标高(E)/圆角(F)/厚度(T)/宽度(W)]:
　　✓ 指定另一个角点——可以直接在绘图区用鼠标指定这个点。
可以用键盘输入指定点的 XY 坐标值,中间用","隔开;
可以用键盘输入指定点相对于第一点的 XY 相对坐标值,前面加上"@"符号,中间用","隔开;例如:@20,10(即另一个角点位于第一个角点 X 方向 20,Y 方向上 10),如图 1-5-1-9。

图 1-5-1-9　边长 20×10 的矩形

- ✓ 倒角（C）——可以设置所绘矩形的倒角。
- ✓ 标高（E）——可以设定矩形的高度。
- ✓ 圆角（F）——可以设定矩形的圆角。
- ✓ 厚度（T）——可以设定矩形的厚度。
- ✓ 宽度（W）——可以设定矩形的线条宽度。

（6）绘制圆弧

室内设计平面图、施工图和家具设计图中，常常会遇到一些圆弧形处理，如开启的门扇，拱形的窗户立面，家具上的弧形拉手等等，这些都需要用"圆弧"命令来完成。

- ◇ 在命令行输入"A"（Arc 的缩写）命令；
- ◇ 在"绘图"菜单中选择"圆弧"命令；
- ◇ 单击"绘图"工具栏中的 ⌒。

执行任一种命令后，命令行会有所提示，根据提示可以选择圆弧绘制的方法；

- ✓ 三点法绘制圆弧——这是最常用的方法之一，只要连续在绘图区域输入三个点即可确定一个圆弧（如图 1-5-1-10）。
- ✓ 起点、圆心、端点绘制圆弧——确定起点后，指定圆弧第二点时，在命令行输入：C，指定圆心位置，再确定圆弧终点位置（如图 1-5-1-11）。

图 1-5-1-10　三点确定一条圆弧　　　　图 1-5-1-11　起点、圆心、端点确定一条圆弧

除以上这两种常用的圆弧绘制方法外，还有"起点、圆心、角度"法，"起点、圆心、长度"法，"起点、端点、角度"法，"起点、端点、方向"法等等，可以根据个人的习惯或绘图时的具体情况来选择，从而方便快捷地绘制圆弧。

（7）绘制圆

圆是常用的几何图形，设计绘图也会常常用到，CAD 提供了多种绘制圆的方式：

- ◇ 在命令行输入"C"（Circle 的缩写）命令；
- ◇ 在"绘图"菜单中选择"圆"命令；
- ◇ 单击"绘图"工具栏中的 ⊙。

执行任一种命令后，命令行提示：

- ✓ 圆心、半径法绘制圆——指定圆心后，输入半径值或拖动光标确定圆的大小。
- ✓ 圆心、直径法绘制圆——指定圆心后，命令行提示："指定圆的半径或 [直径(D)] <25.0000>:"时，输入："D"，然后输入直径值（如图 1-5-1-12）。
- ✓ 两点法绘制圆——即输入直径的两个端点，确定一个圆。当命令行提示："circle 指定圆的圆心或 [三点(3P)/两点(2P)/相切、相切、半径(T)]:"时输入"2P"，确定直径的两个端点即可。
- ✓ 三点法绘制圆——即输入三点确定一个圆。当命令行提示："circle 指定圆的圆心或 [三点(3P)/两点(2P)/相切、相切、半径(T)]:"时输入"3P"，确定圆上的三点即可。
- ✓ 相切、相切、半径法绘制圆——即绘制的圆与两个已知对象均相切且半径一定。当命令行提示："circle 指定圆的圆心或 [三点(3P)/两点(2P)/相切、相切、半径(T)]:"时输入"T"，接着确定两个切点的位置和半径（如图 1-5-1-13）。

图 1-5-1-12　直径为 60 的圆

图 1-5-1-13　与两个矩形相切半径为 20 的圆

（8）绘制云线

云线是由一系列圆弧组成的多段线，绘出的图形形状好似云彩，用于在图纸检查阶段提醒用户注意图形的某个部分。

- ◇ 在命令行输入 revcloud 命令；
- ◇ 在"绘图"菜单中选择"修订云线"命令；
- ◇ 单击"绘图"工具栏中的 ⟲。

- ✓ "最小弧长：50　最大弧长：50
指定起点或 [弧长(A)/对象(O)] <对象>:"

默认情况下，系统将显示当前云线的弧长，如"最小弧长：50 最大弧长：50"。可以直接使用该弧线长度绘制云线路径，在绘图区域随意拖动鼠标即可，起点与终点重合时，云线自然封闭，该命令结束。

可以输入"A"，指定云线新的弧长，包括最小弧长和最大弧长（不能超过指定最小弧长的 3 倍），然后在绘图区拖动鼠标指定云线的起点和终点（如图 1-5-1-14）；

如果想将已知图形转换成云纹，可以按回车，或输入"O"，直接在绘图区选择一个封闭图形,如矩形、多边形、圆等,命令行将提示"选择对象: 反转方向 [是(Y)/否(N)] <否>",此时如果输入"Y",则圆弧方向向内,如果输入"N"(或不输入,保持原默认),则圆弧方向向外(如图 1-5-1-14)。

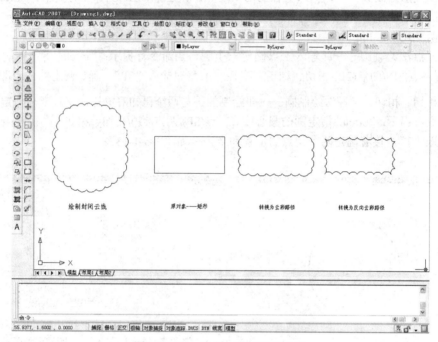

图 1-5-1-14 绘制、转换云彩路径

(9) 绘制样条曲线
- ✧ 在命令行输入"SPL"(Spline 的缩写)命令;
- ✧ 在"绘图"菜单中选择"样条曲线"命令;
- ✧ 单击"绘图"工具栏中的 ～。
- ✓ 指定下一点——确定样条曲线的第一点后,系统进一步提示指定下一点,接着可继续输入一系列点,由这些点确定一条样条曲线。

如果按回车键,系统会提示:"指定起点切向:"这时在起点与当前光标之间出现一条线表示样条曲线的起点切线方向,这时可以在该提示下直接输入样条曲线的起点切线方向的角度值,如果拖动鼠标则该线的起点方向线将随着光标的移动而变化,影响样条曲线的形状发生变化。
系统继续提示:"指定端点切向:"可以按照同样的方法确定曲线终点的切线方向,绘出相应的样条曲线;
- ✓ 闭合(C)——即将该样条曲线闭合,输入"C"后,系统提示:"指定切向:",指定切线方向后即可绘制出一条闭合的样条曲线。
- ✓ 拟合公差(F)——设定拟合公差,系统会按照给出的拟合公差绘制样条曲线。

(10) 绘制椭圆
椭圆是一种特殊的圆,有长轴和短轴之分,绘制椭圆可以用以下的几种方法:
- ✧ 在命令行输入"EL"(Ellipse 的缩写)命令;

- ✧ 在"绘图"菜单中选择"椭圆"命令；
- ✧ 单击"绘图"工具栏中的 ⬭。

执行任一种命令后，命令行提示：

"指定椭圆的轴端点或 [圆弧(A)/中心点(C)]："

- ✓ 轴端点法绘制椭圆——即先确定椭圆主轴的两个端点，然后再指定短轴半径的长度，或输入"R"指定一个旋转角度。
- ✓ 中心点法绘制椭圆——在命令行输入"C"后，指定椭圆主轴的中心点，然后再指定主轴的端点，最后指定短轴的半径（也可以输入"R"指定一个旋转角度）。

（11）绘制椭圆弧

椭圆弧的绘图命令与椭圆的绘图命令相同，都是"ELLIPSE"，但命令行的提示不同。

- ✧ 在"绘图"菜单中选择"椭圆弧"命令；
- ✧ 单击"绘图"工具栏中的 ⌒。

执行任一种命令后，命令行提示：

"指定椭圆的轴端点或 [圆弧(A)/中心点(C)]： _a"

这时的操作与上一节介绍的绘制椭圆的过程相同，首先确定椭圆的形状。

这时命令行接着提示："指定起始角度或 [参数(P)]："

- ✓ 在绘制的椭圆上直接取点，作为弧的起始点，另取第二点作为弧的终止点。
- ✓ 指定起始角度：在命令行输入起始点的角度，命令行显示："指定终止角度或 [参数(P)/包含角度(I)]："可以直接输入终止点的角度，也可以输入"I"，指定包含的角度（如图 1-5-1-15）。

图 1-5-1-15 绘制椭圆弧

图 1-5-1-16 "点"命令下的子菜单

✓ 参数（P）：通过指定参数的方法来确定椭圆弧。命令行提示："指定起始参数或 [角度(A)]:"，这时输入"A"，选择角度选项，可以切换到用角度来确定椭圆弧的方式；如果输入参数，系统将用公式 $P(n)=c+a\times\cos(n)+b\times\sin(n)$ 来计算椭圆弧的起始角。其中，n 是用户输入的参数，c 是椭圆弧的半焦距，a 和 b 分别是椭圆的长半轴与短半轴的轴长。

（12）绘制点

点在二维绘图中是非常有用的工具，绘制点可以采用以下几种方法：
◇ 在命令行输入"PO"（Point 的缩写）命令；
◇ 单击"绘图"工具栏中的 ；
◇ 在"绘图"菜单中选择"点"命令，接着会弹出另一个子菜单（如图 1-5-1-16）可供选择：

单点——在屏幕上绘制一个点；

多点——在屏幕上同时绘制多个点；

定数等分——即选择一个图形实体，输入等分数目，绘出等分点；

定距等分——即选择一个图形实体，输入等分距离的数值，绘出等分点。

为什么绘制出的等分点不显示？

当对一条线段进行等分时，等分点总是无法显示（如图 1-5-1-17）。

解决方法：设置"点样式"

打开"格式"子菜单选择 点样式(P)...，弹出"点样式"对话框(如图 1-5-1-18)。换一种点的样式，再看那条线段（如图 1-5-1-19）。

图 1-5-1-17 对线段进行了三等分，却不显示等分点

图 1-5-1-18 "点样式"对话框

图 1-5-1-19 显示线段的三等分点

图 1-5-1-20 "边界图案填充"对话框

（13）图案填充

在绘图的过程中，常常有些区域需要填充，如剖面图，区域分隔等。

- 在命令行输入"H"（Hatch 的缩写）命令；
- 单击"绘图"工具栏中的 ；
- 在"绘图"菜单中选择"图案填充"命令。

这时会弹出一个"图案填充和渐变色"对话框（如图 1-5-1-20），单击"添加：拾取点"按钮后，用鼠标在绘图区需填充的区域单击，确定填充边界，返回对话框，单击"确定"。或直接单击"添加：选择对象"按钮，选择填充对象。

点击"图案"后的 或 ，可选择要填充的图案。

点击"角度"后的 或直接更改数值，可改变填充图案的角度。

点击"比例"后的 或直接更改数值，可改变填充图案的比例。

（14）多行文字输入

文字作为图形的补充和说明，在 CAD 设计图中也是非常常用的。

- 在命令行输入"MT"（Mtext 的缩写）命令；
- 单击"绘图"工具栏中的 A ；
- 在"绘图"菜单中选择"文字"子菜单，再点击"多行文字"。

命令行提示："_mtext 当前文字样式："Standard"当前文字高度：2.5"

命令行提示："指定第一角点："（可在绘图区指定输入文本的位置。）

命令行提示："指定对角点或 [高度(H)/对正(J)/行距(L)/旋转(R)/样式(S)/宽度(W)]："（可以指定文字的高度，行距等属性。）

接着屏幕上会弹出"文字格式"对话框（如图 1-5-1-21），在对话框中可以输入想要编辑的文字，并对文字的字体字号等进行编辑。

图 1-5-1-21 "多行文字编辑器"对话框

1.5.2 编辑图形

图形绘制出来难免要进行编辑和修改，AutoCAD 2007 提供了多种编辑命令，利用这些命令可以节省操作步骤，加快绘图的速度。编辑命令是绘图时主要应用的工具，一般情况下，编辑命令的使用占绘图工作量的 60%~80%，编辑命令使用的次数是绘图命令的两倍多。如图 1-5-2-1 所示。

图 1-5-2-1 "修改"工具栏

如何选择对象？

当对绘制出来的图形进行编辑修改时，首先要选择这个对象，CAD 提供了多种方法都可以选择对象：

- ✓ 全选 如果要使用一个编辑命令，当执行命令时，命令提示行会提示："选择对象"，这时输入 "all"，便可选择所有实体。
- ✓ 窗选 这是最常用的一种选择方法，从左边和从右边都可拉出矩形选框，但是选择的对象又有不同：

  从左上角或左下角拉出矩形选框，则完全包含在选框内的图形才会被选中（如图 1-5-2-2），呈虚线状的对象为选中对象；

  从右上角或右下角拉出矩形选框，则包括在框内的对象以及框边所触及到的对象都会被选中（如图 1-5-2-3）。
- ✓ 点选 常用来选择单独的物体，将选择光标对准对象进行单击，使其呈虚线状即为选中。

图 1-5-2-2 从左边拉选择框选中的对象

图 1-5-2-3　从右边拉选择框选中的对象

(1) 删除命令

删除命令就像我们平时绘图时所用到的橡皮，有几种方法可以激活这个命令：

◇ 在命令行输入"E"（Erase 的缩写）命令；
◇ 在"修改"菜单中选择"删除"命令；
◇ 单击"修改"工具栏中的 。

执行上述操作之一后，命令行会提示：

"选择对象"，用鼠标拾取对象之后，按回车键（或者点击右键），删除选中的对象。

怎样快速删除？

想要快速删除物体，只需先选中想要删除的对象，然后按键盘上的 Delete 键即可。

(2) 复制命令

复制命令可以大大提高作图的效率，有着别的命令不可取代的作用。

◇ 在命令行输入"CO"（Copy 的缩写）命令；
◇ 在"修改"菜单中选择"复制"命令；
◇ 单击"修改"工具栏中的 。

执行上述操作之一后：

命令行提示："选择对象："用鼠标拾取所有待复制对象之后，按回车键（或者点击右键）；

命令行提示："指定基点或位移，或者 [重复(M)]："用鼠标在绘图区指定一点作为复制基点；

命令行提示："指定位移的第二点或 <用第一点作位移>:"，这时可以直接指定第二点，也可以用鼠标拉向欲移动复制的方向,从键盘输入欲移动复制的距离(在"正交"开启的情况下,可以准确地为移动复制物体定位),按回车。

例:将椅子复制到两个同样的桌子的同样位置,如图 1-5-2-4。

图 1-5-2-4　想要复制椅子到另一桌子的相同位置

可以选择直接指定第二点的方法,即选中椅子后,以中点为复制基点,以另一个桌子的中点为第二点(如图 1-5-2-5);

图 1-5-2-5　以中点为基点复制椅子

可以输入一个移动距离，选中椅子后，任意指定一个基点，（保证"正交"打开）将鼠标向右拉，在命令行输入 1550（两个桌子之间的距离）后按回车（如图 1-5-2-6）。

图 1-5-2-6 输入一个移动距离复制椅子

（3）镜像命令

镜像就是以指定的轴为对称轴复制对象，得出的镜像物就如同在镜子中的反射像一样，原物体可以保留也可以删掉。

◇ 在命令行输入"MI"（Mirror 的缩写）命令；
◇ 在"修改"菜单中选择"镜像"命令；
◇ 单击"修改"工具栏中的 。

命令行提示："选择对象："可以用框选或点选法选择想要镜像的物体；
命令行提示："指定镜像线的第一点："用鼠标在绘图区指定第一点；
命令行提示："指定镜像线的第二点："用鼠标指定第二点；(如图 1-5-2-7)；

图 1-5-2-7 确定镜像轴

命令行提示:"是否删除源对象?[是(Y)/否(N)] <N>:"直接回车表示不删除源对象（如图 1-5-2-8），输入"y"表示删除源对象。

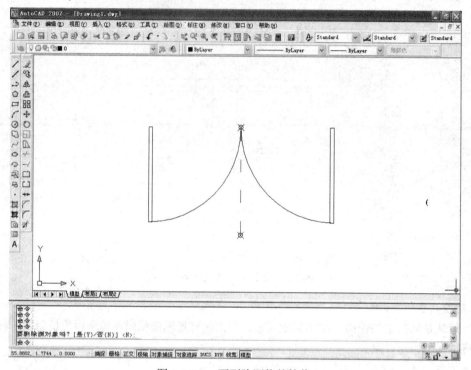

图 1-5-2-8　不删除源物体镜像

(4) 偏移命令

偏移就是复制源对象到源对象平行的位置，偏移出的对象和源对象保持相同的形状。

- ◆ 在命令行输入"O"（Offset 的缩写）命令；
- ◆ 在"修改"菜单中选择"偏移"命令；
- ◆ 单击"修改"工具栏中的 。

命令行提示:"指定偏移距离或 [通过(T)] <1.0000>:"可以直接从键盘输入想要偏移的距离，也可以在绘图区域用鼠标指定一段距离作为偏移距离；

命令行提示:"选择要偏移的对象或 <退出>:"这时绘图区会出现一个小矩形光标，用它选中想要偏移的物体；

命令行提示:"选择要偏移的对象或 <退出>:"在想要偏移的方向单击即可，接着还可继续完成同样距离的偏离，无需另设制，按右键或回车结束命令。

例：将一个 50×40 的矩形向内向外各偏移 10（如图 1-5-2-9）。

(5) 阵列命令

阵列是一种很高效的复制方法，源对象按照一定的规则成批地进行复制。

- ◆ 在命令行输入"AR"（Array 的缩写）命令；
- ◆ 在"修改"菜单中选择"阵列"命令；
- ◆ 单击"修改"工具栏中的 。

图 1-5-2-9　偏移矩形

这时弹出"阵列"对话框（如图 1-5-2-10）。

图 1-5-2-10　"阵列"对话框

✓ 矩形阵列——按照矩形的方式在长宽方向阵列

选中"矩形阵列"：

在"行"处输入源对象在 Y 轴上复制的个数；

在"列"处输入源对象在 X 轴上复制的个数；

在"行偏移"处输入复制对象在 Y 轴上的间距；（输入负值表示向 Y 轴负方向偏移复制）；

在"列偏移"处输入复制对象在 X 轴上的间距；（输入负值表示向 X 轴负方向偏移复制）；

用右边的 ，可以在绘图区用鼠标指定偏移 X 方向或 Y 方向的复制距离，用 可以直接同时指定 X、Y 方向的复制距离；

在"阵列角度"处输入阵列复制的角度；

点击"选择对象"，在绘图区选择想要阵列的对象，按右键或回车；

返回对话框，可以预览或直接确定。

例：将直径为 5 的圆在 Y 方向上阵列 8 个，行偏移为 10；在 X 方向上阵列 4 个，列偏移为 20；阵列角度为 0（如图 1-5-2-11）。

  ✓ 环形阵列——按照圆形的方式在圆周上阵列

选中"环形阵列"：

在"中心点"处输入阵列圆周上中心点的 X、Y 方向上的坐标，或点击 🔲，在绘图区直接指定中心点位置；

在"项目总数"处填入要阵列对象的数目（包括源对象）；

在"填充角度"处填入阵列圆周的角度范围（角度如为负值，则按逆时针旋转）；

点击"选择对象"，在绘图区指定源对象，点击右键或回车；

可以预览或直接确定。

例：阵列一个小圆，以大圆的圆心为阵列中心，阵列 8 个，角度设为 270°，如图 1-5-2-12 所示。

图 1-5-2-11　矩形阵列　　　　　　　　图 1-5-2-12　环形阵列

（6）移动命令

移动是将对象移动到某一合适位置，经常用于调整物体的位置。

  ◇ 在命令行输入"M"（Move 的缩写）命令；

  ◇ 在"修改"菜单中选择"移动"命令；

  ◇ 单击"修改"工具栏中的 ✥。

命令行提示："选择对象"，用鼠标拾取所有待复制对象之后，按回车键（或者点击右键）；

命令行提示："指定基点或位移"，用鼠标在绘图区指定一点作为移动基点；

命令行提示："指定基点或位移：　指定位移的第二点或 <用第一点作位移>:"，这时可以直接指定第二点（捕捉打开，可以帮助准确定位），也可以用鼠标拉向欲移动复制的方向，从键盘输入欲移动复制的距离（在"正交"开启的情况下，可以准确地为移动复制物体定位），按回车。

例：移动门至门框的位置（如图 1-5-2-13，图 1-5-2-14）。

　　图 1-5-2-13　指定移动基点　　　　　　　　图 1-5-2-14　移动门到指定位置

（7）旋转命令

旋转命令是将对象绕指定的基点旋转一个角度，操作近似于移动命令。

◆ 在命令行输入"RO"（Rotate 的缩写）命令；

◆ 在"修改"菜单中选择"旋转"命令；

◆ 单击"修改"工具栏中的 。

命令行提示："选择对象"，用鼠标拾取所有待旋转对象之后，按回车键（或者点击右键）；

命令行提示："指定基点"，用鼠标在绘图区指定一点作为移动基点；

命令行提示："指定旋转角度或 [参照(R)]："，这时可以直接输入一个旋转角度，后按回车。

例：逆时针旋转门 90°（如图 1-5-2-15，图 1-5-2-16）。

　　图 1-5-2-15　指定基点旋转门　　　　　　　图 1-5-2-16　逆时针旋转门 90°

（8）缩放命令

缩放是将某一对象的尺寸按一定比例进行放大或缩小。

◇ 在命令行输入"SC"（Scale 的缩写）命令；
  ◇ 在"修改"菜单中选择"缩放"命令；
  ◇ 单击"修改"工具栏中的 ▫。
命令行提示："选择对象"，用鼠标拾取所有待缩放对象之后，按回车键（或者点击右键）；
命令行提示："指定基点"，用鼠标在绘图区指定一点作为缩放基点；
命令行提示："指定比例因子或 [参照(R)]:"，输入放大或缩小的倍数，按回车。

例：放大和缩小植物（如图 1-5-2-17，图 1-5-2-18）。

图 1-5-2-17　缩放前的植物

图 1-5-2-18　缩放后的植物

(9) 拉伸命令

将某个对象的尺寸在一定方向上进行拉长或缩短是拉伸命令的主要作用。

- ✧ 在命令行输入"S"（Stretch 的缩写）命令；
- ✧ 在"修改"菜单中选择"拉伸"命令；
- ✧ 单击"修改"工具栏中的 。

命令行提示："选择对象"，用鼠标拾取待拉伸对象之后，按回车键（或者点击右键）；注意：对象选择一定要从右上角或右下角窗选，保证选择完整（如图1-5-2-19，虚线为选中对象）；拉伸后的结果如图1-5-2-20。

图 1-5-2-19　选择对象进行水平拉伸

图 1-5-2-20　将选中对象向右水平拉伸 2000

（10）修剪命令

修剪是指将对象的某一部分从指定边界以外裁掉或擦除。

- 在命令行输入"TR"（Trim 的缩写）命令；
- 在"修改"菜单中选择"修剪"命令；
- 单击"修改"工具栏中的 ─／─。

命令行提示："选择对象"，这时可以用鼠标在绘图区点击作为修剪边界的对象，使之呈虚线显示（可以是多个对象），按右键或回车确认（如图 1-5-2-21）；

命令行提示："选择要修剪的对象，按住 Shift 键选择要延伸的对象，或 [栏选（F）/窗交（C）/投影(P)/边(E)/删除（R）/放弃(U)]："，这时单击要修剪的对象，全部修剪完毕后按回车或右键结束命令（如图 1-5-2-22）。

图 1-5-2-21　选择修剪边界

图 1-5-2-22　修剪后的图形

（11）延伸命令

延伸命令的操作类似于修剪命令，但操作结果却与之相反，是将对象延伸到某指定边界。

- ✧ 在命令行输入"EX"（Extend 的缩写）命令；
- ✧ 在"修改"菜单中选择"延伸"命令；
- ✧ 单击"修改"工具栏中的 --/ 。

命令行提示："选择对象"，这时可以用鼠标在绘图区点击作为延伸边界的对象，使之呈虚线显示（可以是多个对象），按右键或回车确认（如图 1-5-2-23）；

命令行提示："选择要修剪的对象，按住 Shift 键选择要延伸的对象，或 [栏选（F）/窗交（C）/投影(P)/边(E)/放弃(U)]:"，这时单击要延伸的对象，延伸完毕后按回车或右键结束命令（如图 1-5-2-24）。

图 1-5-2-23　选择延伸边界　　　　　　图 1-5-2-24　延伸结果

为什么选择了延伸边界，却无法延伸想要延伸的对象（如图 1-5-2-25）？

这是因为对象未与边界相交，可以采取下面的办法解决这个问题：

- ✓ 如果延伸边界可以延长，那么延长这个边界到可以与延伸对象相交的位置（如图 1-5-2-26）。
- ✓ 也可以先选择好延伸边界，点击右键确认后：

  命令行会提示：

  "选择要延伸的对象，按住 Shift 键选择要修剪的对象，或 [栏选（F）/窗交（C）/投影(P)/边(E)/放弃(U)]:"，不要直接选择延伸对象，在命令行输入字母"E"，选择"边"的选项。

  命令行又提示：

  "输入隐含边延伸模式 [延伸(E)/不延伸(N)] <不延伸>:"，输入"E"选择隐含边延伸模式。

这时再选择想要延伸的对象即可（如图 1-5-2-27）。

图 1-5-2-25　无法延伸对象　　　　　　　　　图 1-5-2-26　延长选择边界

（12）打断于点命令

打断于点命令主要用于断开实体，将一个对象分解为两个：
- 单击"修改"工具栏中的 □。

命令行提示："选择对象"，这时可以用鼠标在绘图区点击选择要打断的对象；

命令行提示："指定第二个打断点或 [第一点(F)]：f"，"指定第一个打断点："，用鼠标在选择对象上指定一点作为打断点，则原实体被分解成两个单独实体（如图1-5-2-28）。

图 1-5-2-27　选择隐含边延伸模式延伸对象　　　　图 1-5-2-28　打断于点

（13）打断命令

打断命令可以删除对象的一部分，常用于打断直线、曲线、圆、多边形、圆弧、椭圆等。
- 在命令行输入"BR"（Break 的缩写）命令；
- 在"修改"菜单中选择"打断"命令；
- 单击"修改"工具栏中的 □。

命令行提示："_break 选择对象："，用鼠标在绘图区点击作为打断对象的实体，使之呈虚线显示；

命令行提示："指定第二个打断点或 [第一点(F)]："，如果直接在打断对象上单击，则这一点被默认为第二点，上一步选择对象时的单击点被默认为打断的第一点，选择对象将在此两点间被打断。

也可以在命令行后输入"F"后回车。

命令行提示："指定第一个打断点："在选择对象上指定打断的第一点；

命令行提示："指定第二个打断点："在选择对象上指定打断的第二点。

选择对象将在选择的两点之间被打断（如图1-5-2-29）。

（14）倒角命令

倒角命令是以指定距离斜切选定交线的两条边，使相交的两条直线的交点处形成倒角形。
- ◇ 在命令行输入"CHA"（Chamfer的缩写）命令；

图1-5-2-29 打断一个矩形

- ◇ 在"修改"菜单中选择"倒角"命令；
- ◇ 单击"修改"工具栏中的 。

命令行提示："选择第一条直线或 [多段线(P)/距离(D)/角度(A)/修剪(T)/方法(M)]:"
- ✓ 多段线(P)：对多段线每个顶点进行倒角操作（如图1-5-2-30）。
- ✓ 距离(D)：设定倒角距离（系统初始默认为10），若将倒角距离设为零，则倒角使两个对象交于一点（如图1-5-2-31）。

图1-5-2-30 对多段线进行倒角

图1-5-2-31 设定倒角距离

- ✓ 角度(A)：指定倒角角度（如图1-5-2-32）。
- ✓ 修剪(T)：设置倒角时是否修剪对象（如图1-5-2-33）。
- ✓ 方法(M)：设置倒角方式使用两个倒角距离或者使用一个距离一个角度来创建倒角。

（15）圆角命令

圆角命令是利用指定半径的圆弧光滑地连接两个对象，操作类似于倒角命令：
- ◇ 在命令行输入"F"（Fillet的缩写）命令；
- ◇ 在"修改"菜单中选择"圆角"命令；

图 1-5-2-32 设定倒角角度

图 1-5-2-33 设置修剪倒角

- 单击"修改"工具栏中的 。

命令行提示:"选择第一个对象或 [多段线(P) /半径(R)/修剪(T)]:"
- ✓ 多段线(P):对多段线每个顶点进行圆角操作。
- ✓ 半径(R):设定圆角半径(系统初始默认半径为10)。
- ✓ 修剪(T):设置倒圆角时是否修剪对象。

这些操作类似于倒角命令(如图1-5-2-34),具体可参照上一节"倒角"命令。

(16)分解命令

分解命令也叫炸开命令,可以将多段线、块、标注和面域等合成对象分解成它的部件对象。
- ◇ 在命令行输入"Explode"命令;
- ◇ 在"修改"菜单中选择"分解"命令;
- ◇ 单击"修改"工具栏中的 。

命令行提示:"选择对象",选择想要炸开的图形,全部选完后,单击鼠标右键或按回车,即完成炸开命令。

图形被分解后,往往从一个整体分解为多个小个体(如图1-5-2-35)。

图 1-5-2-34 倒圆角

图 1-5-2-35 矩形被分解

1.5.3 控制对象的特性

在 AutoCAD 2007 绘图环境下绘制的任何对象不仅具有某些共同的特性，还具有区别于其他某些对象的独有特性。例如，直线就不具备圆的独有特性，如圆心和半径，而圆又不具备直线的特性，如长度，但是它们可能有相同的颜色，或在相同的图层，具有同样的打印样式等。本节将讲述这些特性的使用。

（1）显示和修改对象特性

在"特性"选项板中可以查看和修改对象所有特性的设置。

可以通过以下方法打开"特性"选项板（对象特性管理器）：

单击标准工具栏上的按钮：;

或在"修改"工具栏选"特性"；

或在命令行输入：PROPERTIES，快捷键为 Ctrl＋1；

或者选中某一对象，单击右键，在快捷菜单中选择"特性"。

执行以上操作后，会弹出"特性"选项板，如图 1-5-3-1。

在"特性"选项板中列出了选定对象或者对象集的特性的当前设置。可以通过指定新值进行特性的修改，也可以通过下拉菜单选择不同的设置。当选择多个对象的时候，"特性"选项板只显示对象集中所有对象的公共特性。如果尚未选择对象，"特性"选项板只显示当前图层的基本特性、图层附着的打印样式表的名称、查看特性以及关于 UCS 的信息。

图 1-5-3-1 "特性"选项板

（2）在对象之间复制特性

AutoCAD2007 提供"特性匹配"功能，可以将一个对象的某些或所有特性复制到其他对象。可以复制的特性类型包括：颜色、图层、线型、线型比例、线宽、打印样式和厚度等。

默认情况下，所有可以应用的特性都自动地从选定的第一个对象复制到其他对象。如果不希望复制某些特定的特性，可以使用"设置"选项禁止复制该特性。可以在执行该命令的过程中随时选择"设置"选项。

其具体操作步骤如下：

执行"特性匹配"命令，可以使用以下途径：

鼠标单击工具栏按钮：;

或单击"修改" 菜单栏中的"特性匹配"；

或在命令行输入：MATCHPROP。

这时命令行提示：

命令：'_matchprop

选择源对象：（鼠标变为一个小方块，用它点选要复制其特性的对象。）

选择目标对象或 [设置(S)]：

如果要控制传递某些特性，可以在命令行输入 s（选择设置）并回车（或者按空格键）。在弹出的"特性设置"对话框中，清除不希望复制的项目（默认情况下所有项目都打开）。选择"确定"。如图 1-5-3-2：

如果不希望更改设置，直接选择要修改其特性的对象。

之后，鼠标变为 的形状，

这时命令行提示：

选择目标对象或 [设置(S)]：（用鼠标继续点选目标对象，按回车键结束。）

在绘图区域就可以看到后选择的对象继承了

图 1-5-3-2 "特性设置"对话框

先选择对象的特性。

1.5.4 文字注释

完整的图纸可能要包括复杂的技术要求、标题栏信息、标签等诸多的文字注释。AutoCAD 相应提供了多种文字注释的方法。对简短的文字输入可以使用单行文字工具；对带有某种格式的较长的文字输入可以使用多行文字工具；也可以输入带有引线的多行文字。

所有输入的文字都应用文字样式，包括相应字体和格式的设置以及文字外观的定义。用户还可以利用系统提供的工具方便地更改文字比例，对齐文字、查找和替换文字以及检查拼写错误。

（1）文字样式

AutoCAD 图形中所有文字的特征都由文字样式来控制。输入文字时，默认使用的是被设置为当前的文字样式，其中包含字体、字号、角度、方向和其他文字特征的信息。

用户自己可以创建和加载新的文字样式，并进行修改特征、更改名称或者在不再需要的时候删除等操作。

可以通过以下方法打开文字样式对话框，进行设置：

鼠标单击文字工具栏按钮： （需要通过工具/自定义/工具栏,添加文字工具栏）；

或单击"格式"菜单中的"文字样式"；

或在命令行输入：style。

运行命令后，弹出"文字样式"对话框，如图 1-5-4-1 所示：

✓ 样式名：

"样式名"下拉列表框列出了当前可以

图 1-5-4-1 "文字样式"对话框

使用的文字样式，一般默认为 Standard。在这里可以通过单击"新建"按钮，打开"新建文字样式"对话框，创建新的文字样式，指定个人习惯的字体和效果或者引用公司的统一样式。

✓ 字体：

"字体"选项组可以设置文字样式使用的字体和字高等属性。选定"使用大字体"后,该选项变为"大字体",用于选择大字体文件。在文字高度一栏中如果设置为 0.00,那么在输入文字时,将会再次提示输入文字高度,如果在此预先设置好高度,那么以后的文字输入将默认使用这里设置的高度值。

✓ 效果:

包括文字颠倒、反向、垂直、宽度比例、倾斜角度(值为正时文字向右倾斜,值为负时文字向左倾斜)的设置,选择后,可以方便地在预览栏中看到效果。

(2) 单行文字

单行文字适用于字体单一、内容简单,一行就可以容纳的注释文字。如室内装饰中各表面装饰材料的标注。其优点在于,使用单行文字命令输入的文字,每一行是一个编辑的对象,可以方便地移动、旋转、删除。

可以通过以下方法调用单行文字命令:

鼠标单击文字工具栏按钮:A(需要从"工具"菜单/自定义/工具栏中调出文字工具栏);

或在"绘图"菜单中单击"文字 / 单行文字";

或在命令行输入:dtext。

运行命令后出现提示

指定文字的起点或[对正(J)/样式(S)]:

可以有以下操作选择:

◆ 输入 J(不分大小写),出现提示:

[对齐(A)/调整(F)/中心(C)/中间(M)/右(R)/左上(TL)/中上(TC)/右上(TR)/左中(ML)/正中(MC)/右中(MR)/左下(BL)/中下(BC)/右下(BR)]:

选择对正方式,各种选择只要按照命令行提示,实际操作一下就会明白,因此不再详细讲述,而各种对齐点的位置可以参照图 1-5-4-2。

图 1-5-4-2 各种对齐点的位置

◆ 输入 S(不分大小写),

命令行提示:输入样式名或 [?] <Standard>:(可以直接输入文字样式的名字,直接回车就选择默认的样式。)

在绘图区域用鼠标左键单击,指定文字起点后,

命令行提示:指定高度 <25.0000>:(输入数值后,回车或者按空格键)

命令行提示:指定文字的旋转角度 <0>:(输入数值后,回车或空格确定)

在指定文字起点的位置出现输入文字的提示符号 I,输入需要的文字。按回车键,换行继

续输入下一行,连续两次按回车键结束单行文字命令。

例:在绘制好的双人床的下方加上文字

单击文字工具栏按钮: ;
或在"绘图"菜单中单击"文字/单行文字";
或在命令行输入:dtext。
命令行提示:
命令:_dtext
当前文字样式:Standard 当前文字高度: 3
指定文字的起点或 [对正(J)/样式(S)]:(在双人床的下方需要输入文字处单击,确定文字起点)如图1-5-4-3:
指定高度 <3>:100(输入所需的高度值)
指定文字的旋转角度 <0>:(回车默认角度)
输入文字:双人床(输入文字)
输入文字:(回车结束)如图1-5-4-4。

(3)多行文字

多行文字适用于输入字体复杂、字数多甚至整段的文字。使用多行文字输入文字后,文字由任意数目的文字行或段落组成,在指定的宽度内布满,可以沿垂直方向无限延伸。

不论行数多少,单个编辑任务创建的段落集将构成单个对象。用户可对其进行移动、旋转、删除、复制、镜像或缩放操作。

多行文字的编辑选项要比单行文字多。例如,可以对段落中的单个字符、词语或短语添加下划线、更改字体、变换颜色和调整文字高度。

图 1-5-4-3 指定文字的起点　　　　　　图 1-5-4-4 输入文字

可以通过以下方法调用多行文字命令:
鼠标单击绘图工具栏按钮: ;
或单击"绘图"菜单中的"文字 / 多行文字";
或在命令行输入:mtext。
运行命令后,命令行提示:

指定第一角点：（用鼠标左键在绘图区域单击）

指定对角点或 [高度(H)/对正(J)/行距(L)/旋转(R)/样式(S)/宽度(W)]：

这时可以通过命令行输入字母来调节相应特性。调整后再指定对角点，会弹出一个由顶部带标尺的边框和"文字格式"工具栏构成的多行文字编辑器。如图 1-5-4-5 所示：

编辑器的文字边框用于定义多行文字对象中段落的宽度（从左到右的横向为宽），控制文字自动换行到新行的位置。但是，多行文字对象的长度取决于文字的数量，而不是边框的长度（从上到下的纵向为长）。

所输入文字的大多数特征由文字样式控制。在文字格式对话框中可以选择文字样式、字体、字高、格式（粗体、斜体、下划线）、颜色，还可以通过右键单击文本输入框，在弹出的快捷菜单上调整"缩进和制表位"、"对正"、"大小写"以及输入符号。右键快捷菜单如图 1-5-4-6 所示：

图 1-5-4-5　多行文字编辑器　　　　　图 1-5-4-6　快捷菜单调整文字样式

一般制图常用的符号有：度数、正负号和直径。其他的特殊符号需要在上面的右键快捷菜单中点击"符号/其他"，在"字符映射表"中选择，或者在 Word 等软件中粘贴过来。字符映射表如图 1-5-4-7：

图 1-5-4-7　"字符映射表"

度数、正负号、直径的输入方法如图 1-5-4-8 所示：
得到效果如图 1-5-4-9：

图 1-5-4-8　输入格式　　　　　　　　图 1-5-4-9　得到效果

就是说在 AutoCAD 中，％％d 表示度数符号；％％p 表示公差的正负号；％％c 表示直径符号。可以通过键盘输入这些符号，也可以使用右键在符号展开栏中选择输入。

需要注意的是，在输入汉字的时候，对于字体的选择。默认是使用 Txt 字体 ，如果切换输入法为输入中文的输入法（如智能 ABC 等），则字体自动切换到宋体 。

在文字编辑器中的标尺具有和 Word 等文字处理软件中的标尺同样的作用。拖动上面的倒三角可以控制一个段落内的第一行的缩进，比如说，首行空两格；拖动下面的三角可以控制这个段落内除第一行外其他行的缩进，就是说，这一个段落从哪里开始写。如果段落中需要有表格或者分条分款的列出某些内容，就需要考虑各个不同层级的起始位置，这就需要使用制表符。

小博士

如何输入堆叠的文字，如分数、公差等

输入斜杠"/"：垂直地堆叠文字，由水平线分隔。
输入符号"#"：对角地堆叠文字，由对角线分隔。
输入插入符"^"：创建公差堆叠，不用直线分隔。

（4）文字的修改
✓ 单行文字的修改

对于单行文字，如果需要修改其内容，可以双击需要修改的文字，或者选中后按回车键（空格键也可以）。或在命令行输入 Ddedit 命令。则文字变为带底色的区域，如图 1-5-4-10 所示。可以直接在该区域中重新更改或输入新的内容。

✓ 多行文字的修改

对于多行文字，双击或者选中后回车将弹出"多行文字编辑器"，同样可以方便修改。
另外"文字工具栏"还提供了"编辑文字"、"查找和替换"、"缩放文字"、"对正文字"等便捷工具。在用户掌握基本操作后，这些工具自然会无师自通，得心应手。如图 1-5-4-11 所示：

图 1-5-4-10　"编辑文字"对话框　　　　图 1-5-4-11　"文字工具栏"

1.5.5 尺寸标注

不论是建筑、室内还是家具，完整的图纸都必须包括尺寸标注。国内各种计算机辅助绘图软件如天正、中望、圆方等以及建筑业常用的 ArchiCAD 都提供了尺寸标注功能，但是，一般都是建立在 AutoCAD 二次开发的基础之上，或是借鉴了 AutoCAD 的科学之处。因此熟练掌握 AutoCAD 的基本操作后，使用其他专业软件会更得心应手。

（1）尺寸标注的基本概念

AutoCAD 提供对各种标注对象设置标注格式的方法。可以在各个方向上为各类对象创建标注。也可以创建好符合行业或项目标准的标注样式，快速地标注图形。

标注显示了对象的测量值、对象之间的距离、角度或者特征距指定原点的距离。AutoCAD 提供了三种基本的标注类型：线性、半径和角度。标注可以是水平、垂直、对齐、旋转、坐标、基线或连续。图 1-5-5-1 中列出了几种简单的示例。

图 1-5-5-1　尺寸标注示例

标注作为实体，具有以下独特的元素：标注文字、尺寸线、箭头和尺寸界线。如图 1-5-5-2 所示：

尺寸线在建筑及家具制图规范中为细实线，用于指示标注的方向和范围。对于角度标注，尺寸线是一段圆弧。

箭头，也叫起止符号，显示在尺寸线的两端，指示标注的起始位置。因各行业制图标准不同，箭头可以有不同尺寸和形状。

尺寸界线，与尺寸线相垂直，是尺寸标注的边界。

图 1-5-5-2　标注所包含的元素

一般情况下，在布局选项卡和模型选项卡中对绘制的图形进行的尺寸标注，标注的尺寸是和图形相关联的。就是说，当图形因为修改而导致尺寸发生变化时，所标注的尺寸文字也自动随之变化，同时尺寸界线等也会变动到正确的位置。

（2）标注样式

AutoCAD 的每一个尺寸标注的尺寸界线、尺寸线、箭头、中心标记或中心线及其之间的偏移、标注部件位置间的相互关系以及标注文字的方向、标注文字的内容和外观、特性都由其"标注样式"控制。修改标注样式，会更新以前由该标注样式创建的所有现有标注以反映新的设置。

可以通过以下方法打开"标注样式管理器"：

鼠标单击标注尺寸工具栏按钮：

或单击"标注"菜单中的"样式"；

或在命令行输入：Dim。

运行命令后，弹出"标注样式管理器"对话框，如图 1-5-5-3 所示：

一般在进行标注前，必须进行标注样式的设定。默认的样式名是 ISO-25，被亮显的样式名就是当前使用的样式（右键单击样式名，可以进行置为当前、重命名、删除的操作）。

"新建"：创建新的标注样式；

"置为当前"：如果工作有经验以后，可以选择原来积累下来的样式"置为当前"直接使用；

"修改"：剔除原来不合适的设置后再使用；

图 1-5-5-3 "标注样式管理器"对话框

"替代"：可以设置当前样式某些特征的临时替代，替代的内容作为未保存的更改结果，显示在"样式"列表中的标注下。

"比较"：可以看到选中的标注样式的详细信息，以及与其他标注样式的对比信息。

在点击"新建"后，会弹出"创建新标注样式"对话框，如图 1-5-5-4 所示：

在这里可以指定新的标注样式名，选择创建新样式时根据的基础样式以及新样式发生作用的范围。例如输入样式名为 master（名称随用户个人喜好，但是命名时最好有一定意义），按回车继续，会弹出和在上一步标注样式管理器中点"修改"和"替代"一样的"新建标注样式：（刚输入的名字）"对话框，如图 1-5-5-5 所示：

图 1-5-5-4 "创建新标注样式"对话框

图 1-5-5-5 "新建标注样式"对话框

在这一对话框中可以调节有关标注的各种特性，以下将逐项详细讲解。其中变化的设置或者修改的设置值可以通过按回车键，使其在预览栏中显示，以观察效果。

✓ "直线"选项组：

"尺寸线"项目内的"超出标记"表示：在"箭头"项目内指定使用箭头倾斜、建筑标记、积分标记或无箭头标记时，尺寸线伸出尺寸界线的长度。如图 1-5-5-6 所示：

图 1-5-5-6 尺寸线"超出标记"

"基线间距"表示设置基线标注时内外两个层级标注的尺寸线之间的间距。建筑及家具制图中尺寸线的间距一般可定为 7~9mm，因此可以根据最后出图的比例，在这里输入适当的值。如图 1-5-5-7 所示：

图 1-5-5-7 "基线间距"

"尺寸界线"项目内的"超出尺寸线"表示：尺寸界线伸出尺寸线的长度，在建筑及家具制图中一般为 2~3mm，因此也可以根据最后出图的比例，在这里输入适当的值。如图 1-5-5-8 所示：

图 1-5-5-8 "超出尺寸线"

"起点偏移量"表示：尺寸界线的起点与标注定义点之间的偏移距离。如图 1-5-5-9 对比观察可以理解：

图 1-5-5-9 "起点偏移量"

✓ "符号和箭头"选项组：

"符号和箭头"包括箭头、圆心标记、弧长符号、半径标注折弯四项，如图 1-5-5-10。

在"箭头"项中，可以选择本行业所惯用的箭头样式，并根据制图规范指定箭头的大小。建筑和室内行业一般选用建筑标记，即粗的 45°的斜线。而家具制图则选用倾斜标记，即细的

图 1-5-5-10 "符号和箭头"选项组

45°的斜线。还可以设置箭头的大小,也就是斜线的长度,一般建筑和家具制图箭头斜线的长度为 2~3mm。"圆心标记"可以选择圆心的标记是"无"、"标记"或"直线",也可以设置标记的大小。"弧长符号"有"标注文字的前缀"、"标注文字的上方"和"无"三个选项。"半径标注折弯"中可以具体选择标注折弯的大小。

✓ "文字"选项组:

"文字"选项组有"文字外观"、"文字位置"、"文字对齐"等项目,如图 1-5-5-11 所示。

图 1-5-5-11 "文字"选项组

"文字外观"项目内的"文字样式"下拉菜单,可以选择在"文字样式"对话框中设置好的文字样式，或者打开"文字样式"对话框重新设置。"文字高度"根据行业内的制图规范设置，建筑及家具制图的文字高度一般不小于 3.5mm。

"文字位置"项目内的"垂直"和"水平"用来控制标注的尺寸值或者文字相对于尺寸线的位置。

"垂直"包括"置中"、"上方"、"外部"、"JIS"四种，在建筑及家具制图中一般采用"置中"、"上方"两种形式，如图 1-5-5-12。

图 1-5-5-12　文字垂直的几种形式

"水平"也包括几种选择的形式，一般我们选择"置中"。

从"水平线偏移"用来控制所标注的文字距离尺寸线的远近，一般制图规范为 1~3mm。当文字处于尺寸线中间，打断尺寸线时，"从尺寸线偏移"控制标注文字与周围断开的尺寸线的距离。

"文字对齐"项目控制在出现标注时尺寸线不水平的情况时，文字是保持水平还是与尺寸界线平行，在建筑及家具制图中都要求文字与尺寸线平行，如图 1-5-5-13。

图 1-5-5-13　文字与尺寸线平行

✓　"调整"选项组：

需要设置标注时文字、尺寸线和箭头的摆放方式，具体内容如图 1-5-5-14 所示：

"调整"选项询问用户，当两尺寸界线之间的距离过短，无法同时放下尺寸线、文字和箭头的时候，将怎样处理这三者的位置关系，哪一个优先考虑放在尺寸界线之内。

"文字位置"选项同样用于控制文字不能放在尺寸界线之间时，将如何摆放文字。

至于各个选项的意思已经基本明确，所以不再赘述。一般的制图，可以接受系统的默认设置。

必须强调的是，"标注特征比例"的设置。默认是选择"使用全局比例"，这里需要填入的值，一般就是在绘图比例一节讲到的比例因子。至于具体填入多少，以及何时选择"按布局（图纸空间）缩放比例"，将在后面标注比例一节结合打印的需要和绘图的流程详细讲解。

✓ "主单位"选项组：

可以设置主标注单位的格式和精度，并设置标注文字的前缀和后缀。一般的建筑和室内及家具制图的精度选择0即可（图1-5-5-15）。

图1-5-5-14 "调整"选项组

图1-5-5-15 "主单位"选项组

（3）创建标注

使用AutoCAD，用户可以方便地创建线性标注、半径标注、角度标注和坐标标注。

用户可以通过"标注"菜单中的各个选项来执行尺寸标注命令，或者在十分熟练后通过设置快捷键来简化操作，但是，一般入门和中级阶段都是通过标注工具栏来实现准确有效的标注。下面将详细地介绍标注工具栏，如图1-5-5-16。

图1-5-5-16 "标注"工具栏

✓ 线性标注：

画好图形并完成标注样式的设置后，注意打开"对象捕捉"和"对象追踪"，如果需要，可以调节对象捕捉与对象追踪的设置，这将决定是否能够准确定位。通过AutoCAD画图的最大优势也就在于此。

点选标注工具栏的线性标注图标，会发现鼠标显示为十字的形状，原来在十字交叉点的小方框没有了，这样就可以开始标注了，下面通过一个实例来讲解。

例：为一条直线标注尺寸

单击线性标注按钮
命令行提示：
指定第一条尺寸界线原点或 <选择对象>:（利用端点捕捉确定第一条尺寸界线的原点）
指定第二条尺寸界线原点:（利用端点捕捉指定第二点）

[多行文字(M)/文字(T)/角度(A)/水平(H)/垂直(V)/旋转(R)]:（拖动鼠标至合适位置，单击结束）如图 1-5-5-17。

✓ 对齐标注：

主要需要控制当标注对象是斜线时，尺寸线需要平行于标注对象。至于其标注方法和线性标注基本相同。

例：为一条斜线标注尺寸

单击对齐标注按钮 ↘
命令行提示：
指定第一条尺寸界线原点或 <选择对象>:（利用端点捕捉确定第一条尺寸界线的原点）
指定第二条尺寸界线原点:（利用端点捕捉指定第二点）

[多行文字(M)/文字(T)/角度(A)]:（拖动鼠标至合适位置，单击结束）如图 1-5-5-18。

图 1-5-5-17　线性标注　　　　　　　图 1-5-5-18　对齐标注

✓ 半径、直径标注：

点选半径 ⊙ 或者直径标注 ⊙ 的图标后，鼠标变为一个小方块，

命令行提示：
选择圆弧或圆:（单击标注对象，拖动鼠标至合适位置单击确定）
一般标注创建的起点位置由小方块选择对象时的那一点决定，如果创建后发现位置不合适，可以通过选中标注，调节蓝色夹点再次定位。

✓ 角度标注

角度标注的使用方法和其他标注是相通的。点选角度标注图标 △ 后，命令行提示：
命令：_dimangular
选择圆弧、圆、直线或<指定顶点>:（鼠标变为一个小方框，用鼠标点选需要标注的对象，例如一条直线）
选择第二条直线:（再次选择一条直线）
定标注弧线位置或[多行文字(M)/文字(T)/角度(A)]:（鼠标点选标注弧线放置的位置，确定结束）如图 1-5-5-19。

图 1-5-5-19　直径、半径及角度的标注

✓　**基线标注**

基线标注是自同一基线处测量的多个标注。

例：基线标注

利用基线标注需要先创建（或选择）一个线性或角度标注，作为基准标注。
单击基线标注按钮。
命令行提示：
命令：_dimbaseline
选择基准标注：（单击已有的一条线性标注）如图 1-5-5-20。

图 1-5-5-20　选择一条线性标注

指定第二条尺寸界线原点或 [放弃(U)/选择(S)] <选择>：（利用捕捉确定另一个端点）

标注文字 =1800
指定第二条尺寸界线原点或 [放弃(U)/选择(S)] <选择>:（还可以继续向下标注，如不需要则回车确定）
选择基准标注:（回车结束）如图 1-5-5-21。

图 1-5-5-21　选择另一端点，完成基线标注

✓　连续标注

连续标注是首尾相连的多个标注，每个连续标注都从前一个标注的第二个尺寸界线处开始。

同创建基线一样，创建连续标注之前，也必须先创建线性标注、对齐标注或角度标注。因为基线标注和连续标注都是基于上一个创建的标注进行创建的，无法单独使用。

例: 连续标注

单击基线标注按钮
命令行提示:
命令: _dimcontinue
选择连续标注:（选择已经画好的线性标注）如图 1-5-5-22。
指定第二条尺寸界线原点或 [放弃(U)/选择(S)] <选择>:（捕捉第一、二个沙发垫的交点）如图 1-5-5-23。
标注文字 =600
指定第二条尺寸界线原点或 [放弃(U)/选择(S)] <选择>:（捕捉最右侧的端点）
标注文字 =600
指定第二条尺寸界线原点或 [放弃(U)/选择(S)] <选择>:（回车结束）如图 1-5-5-24。

✓　快速标注

通过选择多个对象，然后一起标注的形式来达到快速的目的，适合于需要多次使用连续标注和基线标注的情况。

图 1-5-5-22　选择一个线性尺寸

图 1-5-5-23　指定另一个尺寸界线原点

图 1-5-5-24　指定最后一个尺寸界线原点

(4) 修改标注

标注工具栏还提供了编辑标注的工具，用户也可以通过"对象特性管理器"来实现标注的编辑，还有些位置的调整可以通过直接移动夹点来实现。

"编辑标注"工具可以新建标注文字，重新输入尺寸线旋转的角度和尺寸界线倾斜的角度。

"编辑标注文字"工具可以重新输入标注文字，调整文字与水平方向的角度。

"标注更新"工具可以彻底地执行置为当前的标注样式，检查每一个标注是否符合被置为当前的标注样式。

第2章 室内设计图的制图规范及标准

为了要使图样正确无误地表达设计者的意图,图样的画法就要遵循一定的规则。要理解图样的内容除了必要的生产技术知识外就要了解规则,这就是制图标准。例如《图纸幅面和格式》、《标题栏》、《字体》等。本章将主要介绍这些制图规范及标准。

2.1 图纸幅面

2.1.1 基本幅面

应符合表 2-1-1-1 的规定。

基本幅面尺寸(单位:毫米)　　　　　　　　　　　表 2-1-1-1

基本幅面代号	0	1	2	3	4
$b×l$	841×1189	594×841	420×594	297×420	297×210

绘制技术图样时,国家规定应优先使用所规定的基本幅面。各幅面之间的尺寸关系如图 2-1-1-1。

图 2-1-1-1　各基本幅面图纸的关系

2.1.2 图框规格

在图纸上必须用粗实线画出图框,一般情况下采用的格式如图 2-1-2-1。

2.1.3 图纸以短边作垂直边称为横式,以短边作水平边称为立式。一般 A0～A3 图纸宜横式使用;必要时,也可立式使用。

第 2 章 室内设计图的制图规范及标准

幅面代号	A0	A1	A2	A3	A4
c	20			10	
a	25				

图 2-1-2-1　图纸图框格式

2.2 标题栏

图 2-2-1 为国家标准推荐的标题栏参考格式。

图 2-2-1　标题栏

2.3 图线

在建筑制图中,为了使所画图形清晰、美观,国标把图线分成若干种类型和粗细,画图时可根据所画图线表达的内容主次和用途的不同而选用不同图线。

2.3.1 图线的宽度 b,应从下列线宽系列中选取:

0.18、0.25、0.35、0.5、0.7、1.0、1.4、2.0mm。

每个图样,应根据复杂程度与比例大小,先确定基本线宽 b,再选用表 2-3-1-1 中适当的线宽组。

线 宽 组　　　　　　　　　　　　　　　　表 2-3-1-1

线 宽 比	线 宽 组（mm）					
b	2.0	1.4	1.0	0.7	0.5	0.35
$0.5b$	1.0	0.7	0.5	0.35	0.25	0.18
$0.35b$	0.7	0.5	0.35	0.25	0.18	

2.3.2 工程建设制图，应选用表 **2-3-2-1** 所示的线型。

主 要 线 型　　　　　　　　　　　　　　表 2-3-2-1

名 称		线 宽	一 般 用 途
实 线	粗	b	主要可见轮廓线
	中	$0.5b$	可见轮廓线
	细	$0.35b$	可见轮廓线、图例线等
虚 线	粗	b	见有关专业制图标准
	中	$0.5b$	不可见轮廓线
	细	$0.35b$	可见轮廓线、图例线等
点划线	粗	b	见有关专业制图标准
	中	$0.5b$	见有关专业制图标准
	细	$0.35b$	中心线、对称线等
双点划线	粗	b	见有关专业制图标准
	中	$0.5b$	见有关专业制图标准
	细	$0.35b$	假想轮廓线、成型前原始轮廓线
折断线		$0.35b$	断开界线
波浪线		$0.35b$	断开界线

2.3.3 图纸的图框线和标题栏线，可采用表 **2-3-3-1** 的线宽。

图框线、标题栏线的宽度（mm）　　　　　表 2-3-3-1

幅 面 代 号	图 框 线	标题栏外框线	标题栏分格线会签栏线
A0、A1	1.4	0.7	0.35
A2、A3、A4	1.0	0.7	0.35

2.3.4 虚线、点划线或双点划线的线段长度和间隔，宜各自相等。

2.3.5 点划线或双点划线，当在较小图形中绘制有困难时，可用实线代替。

2.3.6 点划线或双点划线的两端，不应是点，点划线与点划线交接或点划线与其他图线交接时，应是线段交接。

2.3.7 虚线与虚线交接或虚线与其他图线交接时，应是线段交接。虚线为实线的延长线时，不得与实线连接。

2.4 字体

工程图样中大量地使用汉字、数字及拉丁字母和一些符号，它们是工程图样的重要组成，因此国标对字体也作了严格规定，不得随意书写。

2.4.1 文字的字高，应从下列系列中选用：

2.5、3.5、5、7、10、14、20mm。

如需书写更大的字，其高度应按 $1:\sqrt{2}$ 比值递增。

2.4.2 图样及说明的汉字，应采用长仿宋体，宽度与高度的关系，应符合表 2-4-2-1 的规定。

长仿宋体字高宽关系（mm） 表 2-4-2-1

字高	20	14	10	7	5	3.5	2.5
字宽	14	10	7	5	3.5	2.5	1.8

大标题、图册封面、地形图等的汉字，也可书写成其他字体，但应易于辨认。

2.4.3 汉字的字高，应不小于 **3.5mm**；拉丁字母、阿拉伯数字或罗马数字的字高，应不小于 **2.5mm**。

2.5 比例

在工程图样中往往不可能将图形画成与实物同样的大小，如房屋即使用最大的图纸也无法容纳；而一个机械式手表中的零件要按实际大小绘出也是不可想像的且无意义，因此就必须按一定比例缩小或放大进行绘制所表达的工程物体的图样。

比例是指所绘图形上线性尺寸与所表现的实物上相应的线性尺寸之比。无论放大缩小，比例关系在标注时都应把图中量度写在前面，实物量度写在后面。如 1：5，1：50，1：100 等等。即图样尺寸为实物的 1/100。而 5：1 则表示图样比实物放大了 5 倍。

2.5.1 绘图所用的比例，应根据图样的用途与被绘对象的复杂程度，从表 2-5-1-1 中选用，并应优先选用表中的常用比例。

常 用 比 例 表 2-5-1-1

图名	常用比例	必要时可增加的比例	说明
平面图、立面图、剖面图	1：50，1：100，1：200	1：150，1：300	适用于室内设计的平面图、立面图、剖面图
详图	1：1，1：2，1：4，1：5，1：10，1：20，1：50	1：3，1：4，1：30，1：40	适用于室内设计的详图

2.5.2 一般情况下，一个图样应选用一种比例。根据专业制图的需要，同一图样可选用两种比例。

2.6 尺寸标注

尺寸是图样的重要组成,也是进行施工的依据,尺寸标注错误或不当将会影响生产。因此国标对尺寸画法、标注都作了较详细的规定,设计时应遵照执行。

2.6.1 尺寸界线、尺寸线及尺寸起止符号

图样上的尺寸,应包括尺寸界线、尺寸线、尺寸起止符号和尺寸数字。

(1) 尺寸界线:

一般从被标注图形轮廓线两端引出,并垂直所标注轮廓线,用细实线画出。尺寸界线有时也可用轮廓线代替。

尺寸界线应用细实线绘制,其一端应离开图样轮廓线不小于 2mm,另一端宜超出尺寸线 2~3mm。

(2) 尺寸线:

画在尺寸界线之间并与所标图形轮廓线平行,也用细实线画出并刚好画到与尺寸界线相交为止,尺寸界线应长出尺寸线 3~5mm。任何图线均不得用作尺寸线。

(3) 尺寸起止符号:

一般在尺寸线与尺寸界线的相交处画一条长为 2~3mm,宽为 $b/2$ 的 45°短斜线,其倾斜方向与尺寸线顺时针成 45°。

对于直径、半径及角度在反映圆弧形状的视图上,其尺寸起止符号则改用箭头表示。

(4) 尺寸数字:

尺寸数字一律用阿拉伯数字注写,单位一般用 mm,均不用标出。尺寸数字是指出形体实际大小而与图形比例无关。

尺寸数字一般在尺寸线中部的上方,也可将尺寸线断开,中间注写尺寸数字。

当尺寸线处于不同方向时,尺寸数字的注写方法如图 2-6-1-1 所示。在垂直方向偏左 30°左右范围内,应将尺寸线中间断开,将尺寸数字水平书写。

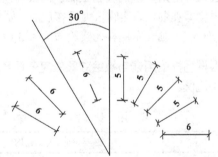

图 2-6-1-1 尺寸线不同方向时尺寸数字注写法

2.6.2 互相平行的尺寸线

应从被注的图样轮廓线由近向远整齐排列,小尺寸应离轮廓线较近,大尺寸应离轮廓线较远。而平行排列的尺寸线的间距,宜为 7~10mm,并应保持一致。

2.6.3 图样轮廓线以外的尺寸线

它距图样最外轮廓线之间的距离,不宜小于 10mm。

2.6.4 总尺寸的尺寸界线

应靠近所指部位,中间的分尺寸的尺寸界线可稍短,但其长度应相等。

2.6.5 半径、直径的尺寸标注

(1)半径的尺寸线,应一端从圆心开始,另一端画箭头指向圆弧。半径数字前应加注半径符号"R"(图 2-6-5-1)。

图 2-6-5-1 半径的标注方法

(2)标注圆的直径尺寸时,直径数字前,应加符号"Ø"。在圆内标注的直径尺寸线应通过圆心,两端画箭头指向圆弧(图 2-6-5-2)。

图 2-6-5-2 直径的标注方法

2.6.6 角度的标注

角度的尺寸线应以圆弧线表示。该圆弧的圆心应是该角的顶点,角的两个边为尺寸界线。角度的起止符号应以箭头表示,如没有足够位置画箭头,可用圆点代替。角度数字应水平方向注写(图 2-6-6-1)。

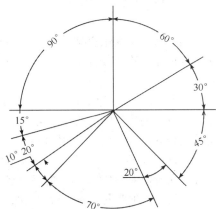

图 2-6-6-1 角度的标注方法

第3章 室内设计平面图的绘制

3.1 室内设计平面图简述

3.1.1 平面布置图

室内设计中平面布置图（也称平面图），可以认为是一种高于窗台上表面处的水平剖视，但是它只移去切平面以上的房屋形体，而对于室内地面上摆设的家具等其他物体不论切到与否都要完整画出。

平面布置图主要用来说明房间内各种家具、家电、陈设及各种绿化、水体等物体的大小、形状和相互关系，同时它还能体现出装修后房间可否满足使用要求及其建筑功能的优劣。

- ✓ 平面布置图必须给出涉及到的家具、家电、设施及陈设等物品的水平投影。家具、家电等物品应根据实际尺寸按与平面图相同比例绘制，则尺寸不必标明，其图线均用细线绘制。
- ✓ 平面布置图中轴线网编号及轴线尺寸通常可以省去，但是属于新建房屋中的再装修（指直接在原有建筑平面图的基础上进行二次装修）设计时，则应该保留轴线网及编号，以便与建筑施工图对照。
- ✓ 平面布置图中一般宜采用较大比例绘制，如 1∶50、1∶10 等。
- ✓ 平面图中门、窗应以《建筑制图国家标准》中规定符号表明，数量多时进行编号，有特殊要求时须注明或另画大样图。

3.1.2 吊顶平面图

吊顶设计是装饰工程设计的主要内容，设计时要绘制吊顶平面图，可以简称顶面图。

顶面图一般是用镜面视图或仰视图的图示法绘制。主要用来表现顶棚中藻井、花饰、浮雕及阴角线的处理形式；表明顶棚上各种灯具的布置状况及类型，顶棚上消防装置和通风装置布置状况与装饰形式。

- ✓ 顶面图中应表明顶棚表面局部起伏变化状况，即吊顶叠层表面变化的深度和范围。变化深度可用标高表明，构造复杂的则要用剖面图表示；投影轮廓可用中线绘制并标明相应尺寸。
- ✓ 顶面图中应表明顶棚上各种灯具的设置状况，如吸顶灯、吊灯、筒灯、射灯等各种灯具的位置与类型，并标明灯具的排放间距及灯具安装方式。
- ✓ 顶棚上如有浮雕、花饰及藻井时，当顶面图的比例较大，能直接表达时，便应在顶面图中绘出，否则可用文字注明并另用大样图表明。
- ✓ 顶面图中还应表明顶棚表面所使用的装饰材料的名称及色彩。
- ✓ 吊顶做法如需用剖面图表达时，顶面图中还应指明剖面图的剖切位置与投影，对局部做法有要求时，可用局部剖切表示。

本章所举的实例是一个三口之家的平面图(如图 3-1-2-1)，由于顶面图绘制所用到的方法和技巧与平面图基本一致，所以就不再单独举例。

图 3-1-2-1　室内设计平面图

本章利用这个居室平面图的绘制，讲解了"直线"、"偏移"、"复制"、"移动"、"修剪"、"延伸"、"填充"等命令的使用方法，并讲解了图层的设置及如何创建块和插入块。具体的操作和设置方法步骤如下：

3.2　设置绘图环境

3.2.1　打开中文 AutoCAD 2004，新建一个文档

3.2.2　设置图形界限

"图形界限"是在模型空间中一个想像的矩形绘图区域，就好像我们平时在纸上画图一样，"图形界限"就是规定了画图的"纸"的大小。但在 AutoCAD 中，绘图的空间可以是无限大的，为了能够方便地控制图形的布局，使出图更加准确，设置图形界限是非常必要的。通常我们根据所要画的图的尺度大小，按实际比例来设置。

在 AutoCAD 2007 中可通过下列方法设置图形界限，选择"格式"工具栏中"图形界限"命令，则：

命令行提示：左下角点或[开（ON）/关（OFF）]<0.0000,0.0000>：（即提示输入左下角，也就是你的"图纸"左下角的坐标，一般我们可以默认为（0,0），所以只需按回车键）

命令行提示：指定右上角点<1000.0000,1000.0000>：（即提示输入右上角的坐标，根据我们要画的此平面图的实际尺度，我们输入 20000,15000，并按回车键确认）

3.2.3　设置图形单位

选择"格式"工具栏中"单位"命令，可以打开"图形单位"对话框来设置绘图使用的长度单位、角度单位，以及单位的显示格式和精度等（如图 3-2-3-1）。

图 3-2-3-1 图形单位对话框

在"长度"选项区中的"精度"下拉列表中选择"0",因为我们是以毫米为单位,所以不需要再精确到小数点以后,选择"0"后则在命令行中显示坐标等数值时就不会出现小数点,看起来更清楚。

3.2.4 设置图层

为了绘图方便,便于编辑、修改和输出,使图形的各种信息清晰、有序,我们可以根据实际情况设置如下几个图层:"轴线"、"墙体"、"家具"、"门窗"、"地面"、"文字"、"尺寸"。

可选择"格式"/"图层"命令,打开"图层特性管理器"对话框。也可直接在菜单条上单击图层工具 打开对话框,如图 3-2-4-1:

图 3-2-4-1 图层特性管理器对话框

对于不同的层，我们设置不同的颜色，以便图形更加清晰。

其中轴线的线型和其他图层的线型是不一样的，根据制图规范，建筑轴线应为点划线，所以在"线型"中选择"CENTER"。

3.3 绘制轴线

根据已有的建筑平面图，要先根据所给的尺寸画出轴线。步骤如下：

3.3.1 绘制水平和垂直的两条基准轴线

✓ 绘制水平轴线

使用"直线"命令，或在"绘图"工具栏中点击按钮 ╱ 。
命令行提示：
指定第一点：（可在绘图区域任意指定一点，同时按下 F8 键保证"正交"呈开启状态）
指定下一点或[放弃（U）]：输入@17000,0，回车确定
这样就画出了一条水平的轴线，接着画垂直的轴线。

✓ 绘制垂直轴线

命令行提示：
指定第一点：（可在绘图区域任意指定一点）
指定下一点或[放弃（U）]：输入@0,-11000，回车确定
两条基准轴线就绘制出来了，如图 3-3-1-1。

图 3-3-1-1　两条基准轴线

3.3.2 修改线型比例

画出这两条轴线后，我们却发现，虽然我们在设置图层时已为"轴线"层选定了点划线，

可为什么显示的却是实线呢？别急，这是因为线型比例不对，我们可以马上修改。先把两条轴线选中，再单击"特性"工具，则在屏幕左上角出现了"特性"对话框，"线型比例"的数值改为35，这时可发现两条轴线已改为点划线了。如图3-3-2-1。

图 3-3-2-1　修改轴线特性比例

3.3.3　利用"偏移"命令，画出其他轴线

利用"偏移"工具，可以很快捷地画出其他的轴线，先偏移得到垂直轴线：
使用"偏移"命令，或点击：
命令行提示：
指定偏移距离或［通过(T)］〈通过〉：（输入5000，因为第一、二垂直轴线间的距离为5000）
选择要偏移的对象或〈退出〉：（选择垂直轴线）
指定点以确定偏移所在一侧：（在选中的垂直轴线右侧单击鼠标左键）
这样就得到了一条垂直轴线，同样的方法依次偏移，输入的偏移距离依次分别为 4070、4000、1300，则得到垂直的另三条轴线。如图3-3-3-1。
同样对水平轴线，偏移距离分别输入：2420、1070、3490、2650、1340、1290，得到其他五条水平轴线。如图3-3-3-2。

图 3-3-3-1　偏移得到四条垂直轴线　　　　图 3-3-3-2　偏移得到全部轴线

3.4 绘制墙体

轴线绘制好后,就可以开始正式绘制墙体了。对于这样的室内设计平面图,要绘制的墙体包括建筑的承重墙和室内的隔墙。有了轴线,我们仍可以利用"偏移"工具很简便地绘制墙体的线。

3.4.1 绘制外承重墙

利用"偏移"命令,将上方第一条水平轴线上下分别偏移 120,则得到厚度为 240 的外承重墙线。

在命令行输入:_offset,或点击

命令行提示: 指定偏移距离或[通过(T)]:120

命令行提示:选择要偏移的对象或<退出>:(选择该轴线)

命令行提示:指定点以确定偏移所在一侧:(在该直线下方单击)

命令行提示:选择要偏移的对象或<退出>:(再次选择该轴线)

命令行提示:指定点以确定偏移所在一侧:(在该直线上方单击)

得到两条线,如图 3-4-1-1。

图 3-4-1-1 利用偏移轴线绘制外承重墙

因为是利用轴线偏移,所以还需对其进行特性修改,以把其转换为墙体线。选中这两条直线,打开"图层"下拉框,选择"墙体"层,则会发现这两条直线变为黑色的实线了,也就是已转换到"墙体"层了,如图 3-4-1-2。

同样的方法,再把其余的厚度为 240 的外墙偏移出来,如图 3-4-1-3。

图 3-4-1-2　修改特性

图 3-4-1-3　偏移得到其余外承重墙

3.4.2　绘制厚度为 120 的内墙

用同样的方法使用"偏移"命令，因为是厚度为 120 的内墙，因此偏移距离这次应为 60，将内墙画出，如图 3-4-2-1。

3.4.3　绘制厚度为 100 的轻体墙

卫生间右侧的墙是厚度为 100 的轻体墙，用上述同样的方法，偏移而得到，如图 3-4-3-1。至此所有的墙体线都通过"偏移"命令绘制出来了。

第 3 章　室内设计平面图的绘制　　91

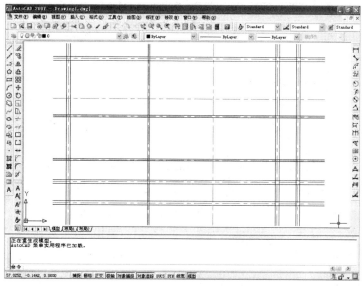

图 3-4-2-1　偏移得到厚 120 的内墙

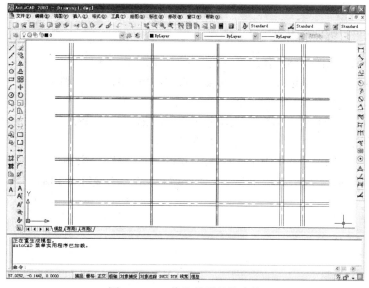

图 3-4-3-1　偏移得到轻体内墙

3.5　修改墙体

此时已得到所有的墙体线，但因为是用轴线偏移得到的，所以很显然还需要进行剪切修改，从而得到最后的墙体轮廓。

3.5.1　关闭轴线

打开"图层"下拉框，将"轴线"图层前的小灯泡 点灭 ，这样就将"轴线"图层关闭，这样做是使图形更加清楚，以便于下边对墙体线进行修改。如图 3-5-1-1。

图 3-5-1-1　关闭"轴线"图层

3.5.2　对墙体线进行剪切修改

以左上角的墙体修改为例,使用"剪切"命令,或点击 ┼╴

命令行提示:选择剪切边…(用鼠标点击选中内部的两条线,确认)

命令行提示:选择对象:找到 2 个

命令行提示:选择对象:选择要修剪的对象,或按住 Shift 键选择要延伸的对象,或 [投影(P)/边(E)/放弃(U)]:(用鼠标点击外部不需要的部分)

这样就把不需要的部分剪切掉了,具体的过程如图 3-5-2-1,图 3-5-2-2。

图 3-5-2-1　先选择剪切的边界线

图 3-5-2-2　剪切的结果

用同样的方法剪切墙体的外轮廓线：

先选择剪切边界线，如图 3-5-2-3。

再剪切掉多余的部分，如图 3-5-2-4。

图 3-5-2-3　选择剪切边界线

图 3-5-2-4　剪切后的结果

可以看到一个墙角就画好了。同样的方法，可以先把绘图窗口上方的外墙修剪好，如图 3-5-2-5。

图 3-5-2-5　修剪绘图窗口上方的外墙

依次再修改绘图窗口左、右和下方的墙体线，如图 3-5-2-6 和图 3-5-2-7。

图 3-5-2-6　修剪左侧的墙体线

图 3-5-2-7　修剪右侧的墙体线

修剪出卫生间和厨房的墙体，如图 3-5-2-8 和图 3-5-2-9。

图 3-5-2-8　修剪卫生间的墙体线

图 3-5-2-9　修剪厨房的墙体线

下面要将底部的外墙线修改，主要是要画出底部的门洞。要找到门洞线的位置，从图中给的尺寸可以知道门洞的位置，但怎样画门洞的线呢？为了方便定位，我们选择"新建 UCS 原点"的方法（用户坐标系 UCS 在前边的章节已经介绍过），也就是将图形的原点重新定在指定的位置，这样就可以根据新的原点的位置直接输入从图上读出的距离，更加直观和快捷。在"工具"下拉菜单中单击"新建 UCS"，再点击"原点"，则：

命令行提示：指定新原点<0,0,0>：

为方便接下来的输入，我们把新的原点定在图形右下角的内交角处。用鼠标选取右下角的内轮廓交点，则指定该点为新原点。如图 3-5-2-10。

有了新原点，就可以很方便地通过从建筑图中读到的数值，画出门洞线。

单击"直线"工具

命令行提示：指定第一点：（输入-5550,0）

命令行提示：指定下一点或[放弃（U）]：（输入@0，-240 回车确定）

则画出了右侧的门洞线，如图 3-5-2-11。

图 3-5-2-10　新建原点

图 3-5-2-11　绘制门洞线

再用"剪切"修改，就把门洞线确定了（图 3-5-2-12）：

图 3-5-2-12　剪切出门洞线

下面要把房间中部的门洞也确定,它的位置是和刚画出的门洞对应的,因此我们可以利用"对象追踪"来捕捉定位点。先使屏幕底部的"对象追踪"处于开启状态,单击"直线"工具:

命令行提示:

命令: _line 指定第一点:

把鼠标放在刚画好的门洞线的上端点,停留片刻,再将鼠标垂直向上移动,则屏幕出现一条虚线,就好像是门洞线假想的延长线,在和中部墙体相交时停下,屏幕出现"交点",如图3-5-2-13。

图 3-5-2-13 "对象追踪"

单击鼠标左键,则定位于假想延长线和中部墙体的交点。

命令行提示:

指定下一点或 [放弃(U)]:(向上画垂线,确定)

这样就画出了该门洞线,如图 3-5-2-14。

再用"剪切"修改,如图 3-5-2-15。

同样的方法,利用"对象追踪",也可向下定位最下端墙体的门洞线,如图 3-5-2-16。

进行"剪切"修改,并画出厚度为 50 的门垛,见图 3-5-2-17:

在操作时要注意,"对象追踪"必须和"对象捕捉"同时工作,也就是说在使用"对象追踪"时必须使屏幕底部的"对象捕捉"也处于开启状态。

图 3-5-2-14　绘制门洞线

图 3-5-2-15　剪切出门洞

图 3-5-2-16　"对象追踪"

第 3 章 室内设计平面图的绘制

图 3-5-2-17 剪切出门洞

3.5.3 画出内部房间门洞

下面修改内部的墙体，首先将卫生间的门洞画出。

卫生间的门采用 750 宽，门洞需留出 800，门距离左侧内墙角为 400，有了这些数据就可以画了。

我们还是可以利用"新建 UCS 原点"的方法来画。在"工具"下拉菜单中单击"新建 UCS"，再点击"原点"，将新原点定在左侧内墙角。再利用"直线"工具在距原点 400,0 的位置为起点，开始画一条垂线，如图 3-5-3-1。

图 3-5-3-1 绘制卫生间门洞线

再用"偏移"工具，将该短线段向右偏移 800，就把门的两侧的轮廓线都画出来了，如图 3-5-3-2。

图 3-5-3-2　偏移得到另一门洞线

最后将中间多余部分利用"剪切"工具修剪掉，就得到一个宽为 800 的门洞，如图 3-5-3-3。

图 3-5-3-3　剪切完成卫生间门洞

下面修改次卧室和书房的墙体。现在图中的次卧室的门洞距离为 1000，还要再画出一个 50 厚的门垛，如图 3-5-3-4。这样次卧室的门洞为 950，选用的门即为宽 900 的门。

图 3-5-3-4　绘制次卧的门垛

书房的门的要求与次卧室是一样的，因此也要画出 50 厚的门垛，如图 3-5-3-5。

图 3-5-3-5　绘制书房的门垛

最后修改多余部分，得到如下结果，如图 3-5-3-6。

图 3-5-3-6　绘制书房的门洞

下面要画厨房的门洞，厨房的门与卫生间的一样，选用宽为 750 的门，因此门洞需留出 800。方法与上述一样，先指定厨房上方墙体的右侧墙角点为新原点，在距原点为 0,-800 处为起点画水平线段，如图 3-5-3-7。

剪切掉多余部分，即画出门洞，如图 3-5-3-8。

最后再把中部隔墙处加上厚 50 的门垛，如图 3-5-3-9。

图 3-5-3-7　绘制厨房门洞线

图 3-5-3-8　修剪完成厨房门洞

图 3-5-3-9　绘制中部隔墙的门垛

到此墙体已基本修改完成，内部的门洞也全部画完，如图 3-5-3-10。

图 3-5-3-10 完成墙体的绘制

3.5.4 绘制窗洞

主卧室和次卧室的窗户一样，都为 1790，书房的窗户为 1500。以次卧室窗户为例，窗户距上方和下方的墙体都为 760，所以还是利用"新建 UCS 原点"的方法，先把原点定在图中次卧上侧内墙角，在距原点为 0,-760 处开始画水平线段，如图 3-5-4-1。

图 3-5-4-1 绘制次卧窗洞线

将该线段向下偏移 1790，得到窗户的两条边界线。再剪切掉中间多余部分即可，如图 3-5-4-2。

图 3-5-4-2 绘制次卧窗洞

同样的方法，做出其余的窗洞，最终效果如图 3-5-4-3。

图 3-5-4-3 完成全部窗洞的绘制

3.6 绘制阳台、门窗

3.6.1 绘制两个阳台

✓ 绘制客厅阳台

该住宅有两个阳台，先绘制右侧客厅的阳台。

阳台的长度为 3750，所以采用 ╱ 工具，

命令行提示：

指定第一点：（起点为客厅外墙右上墙角）

指定下一点或[放弃（U）]：（输入@0,-3750）

第 3 章 室内设计平面图的绘制

指定下一点或[放弃（U）]：（终点位于左侧墙体的垂足，回车确定）
这样就画出阳台的轮廓线，如图 3-6-1-1。

图 3-6-1-1　绘制阳台轮廓线

下面利用"多线"工具，沿阳台轮廓线一次画出两条线。
在命令行输入"mline"，或单击工具栏中的"多线"工具，
命令行提示：
指定起点或 [对正(J)/比例(S)/样式(ST)]：若键入 J，则出现：
输入对正类型 [上(T)/无(Z)/下(B)] <上>：键入 Z，选择无对正。
命令又回到：
指定起点或 [对正(J)/比例(S)/样式(ST)]：键入 S，则出现：
输入多线比例<20.00>：（输入 100）
即确定两条多线间的距离为 100。
这些参数确定好后，就可以按刚才所画轮廓的顺序，画出多线。
点击"多线"工具，
命令行提示：
指定起点或 [对正(J)/比例(S)/样式(ST)]：（捕捉刚才所画轮廓线的起点）
指定下一点：（捕捉轮廓线折点）
指定下一点或 [放弃(U)]：（捕捉轮廓线终点，回车确定）
客厅的阳台就这样完成了，如图 3-6-1-2。
✓ 绘制厨房阳台
下面再画厨房外的阳台，这是一个两侧带斜角的阳台。
首先要画出两个斜角旁的直线部分，点击"直线"工具 ／，
命令行提示：
指定第一点：（利用我们前边讲过的"对象追踪"的方法，先把鼠标放在厨房左上侧内墙角，再向左移动找到与外墙的假想的"交点"，捕捉这个"交点"）
指定下一点：（输入 1100，回车确定）

图 3-6-1-2　用多线绘制阳台

这样就画出了一条长为 1100 的线段,再将这条线段向下偏移 2350,得到阳台上下的两条轮廓线。

图 3-6-1-3　绘制厨房阳台

下面就要画阳台的两个斜角,可以有两种方法,下面分别介绍。

⋄ "极轴追踪"法

单击屏幕底部的"极轴"工具按钮,使其处于开启状态,并单击鼠标右键,点击"设置",打开"草图设置"对话框,选择"极轴追踪",在"增量角"下拉对话框中选择 45,单击确定。这样在画直线时,会自动以 45°为单位追踪,如图 3-6-1-4。

接下来就可以画斜角了,以上方刚画的轮廓线端点为起点,画斜线的另一点。

图 3-6-1-4　"草图设置"对话框

点击"直线"工具 ／

命令行提示：

指定第一点：（捕捉刚才所画线段的端点）

接下来当鼠标在移动时，会发现凡是在 45°倍数的位置上，都会出现一条无限延伸的辅助虚线，如图 3-6-1-5。把光标向左下方移动，当追踪到 225°时，出现辅助虚线，这时在命令栏输入线段长度：550。

图 3-6-1-5 "极轴追踪"

指定下一点或[放弃(U)]：550

单击鼠标右键或回车确定，即得到一条与水平线呈 225°夹角，长为 550 的斜线段。

同样的方法可画出相对的另一条线段，只是用"极轴"追踪的角度不同。两线段端点相连，即画出了完整的阳台轮廓线，如图 3-6-1-6。

怎样打开"极轴追踪"？

- ✓ 单击屏幕底部的"极轴"工具按钮，打开"草图设置"对话框，在"极轴追踪"选项组中的"启用极轴追踪"复选框前打勾。
- ✓ 按 F10 键也可以快捷地控制"极轴追踪"的打开和关闭。

为什么在正交模式下，"极轴追踪"不起作用？

在正交模式下，光标被限制只能沿水平或垂直方向移动，因此正交模式和"极轴追踪"不能同时打开使用，若其中一个打开，则另一个会自动关闭。

◇ "极坐标"法

另一种方法也很简单，就是直接在命令栏输入极坐标。画斜角时利用"直线"工具，第一

点先捕捉水平轮廓线的端点为起点,此时命令栏提示输入另一点的坐标,则按照极坐标的方法,输入角度和线段长度:

指定下一点或 [放弃(U)]:@550<225

"@"表示是相对坐标,550 表示线段的长度,225 表示夹角的度数,这样就画出了一条与水平方向呈 225 度角,长度为 550 的线段。

同样,相对的下方的斜角也可以用此方法画出,只是输入时角度不同:

指定下一点或 [放弃(U)]:@550<135

利用输入极坐标的方法,两个斜角就都画好了。

画好轮廓线,下一步就是用"多线"工具画出沿轮廓线的玻璃。方法同上,沿阳台轮廓线画多线,多线比例仍然定为 100,如图 3-6-1-7。

图 3-6-1-6　完成阳台轮廓线

图 3-6-1-7　绘制完成的厨房阳台

3.6.2 绘制窗户

下面要为绘制好的窗洞加上窗户,以左上的次卧室的窗户为例。

注意:首先要把当前图层切换至"门窗"层,再利用"直线"命令,或点击工具栏上的 ╱ ,在窗洞两侧画出两条线段,如图 3-6-2-1 所示。

图 3-6-2-1　绘制窗户

利用偏移命令,或点击 ⟁

选中这两条线段的任意一个,输入偏移的量为 80,偏移两次,即得到内部的两条表示窗户的线段,如图 3-6-2-2。

图 3-6-2-2　完成次卧窗户绘制

按照同样的方法，绘制出其他房间的窗户，最终如图 3-6-2-3。

图 3-6-2-3　绘制其他房间的窗户

3.6.3　绘制门

下面我们来给各个房间加上门，这里我们利用"绘制块"和"插入块"的方法来绘制。

在 AutoCAD 中，常常要绘制一些重复出现的，且比较复杂的图形，这时就可以利用块，把这些图形做成块保存起来，需要它们时就插入块，这样就可以把绘图变成了拼图，避免了大量重复性的绘制工作。而且在插入块的同时还可以选择不同的比例和旋转的角度，非常方便。在前边基础知识的章节中对创建块已经作了讲解，这里将以门的绘制为例来介绍 WBLOCK 命令，即"写块"，也就是将块以文件的形式写入磁盘，再在另一个文件中插入的方法。

这个居室中的门有三种规格，一般房间的门为 900，厨房和卫生间的门为 750，居室的大的户门为 950，所以就需要做三个不同规格的门，分别保存为块。

✓　首先创建块

另新建一个文件，开始绘制规格为 900 的门：

使用"矩形"命令，或点击 ▭，

命令行提示：

命令：_rectang

指定第一个角点或 [倒角(C)/标高(E)/圆角(F)/厚度(T)/宽度(W)]：（任意点击一点）

指定另一个角点或 [尺寸(D)]：（输入@900，50，回车确定）

即画出一个宽 50、长为 900 的门扇，如图 3-6-3-1。

下面还要再画出门的弧线。选择"圆弧"命令，或点击 ⌒，

命令行提示：

命令：_arc 指定圆弧的起点或 [圆心(C)]：（选择右上角的点为起点）

指定圆弧的第二个点或 [圆心(C)/端点(E)]：c（输入 C，表示选择圆心）

指定圆弧的圆心：（选择左上角的点为圆弧圆心）

指定圆弧的端点或 [角度(A)/弦长(L)]：a（输入 A，表示要输入角度）

指定包含角：90（输入 90，即圆弧的包含角为 90 度）

这样就画出了门的圆弧线，整个门就绘制好了，如图 3-6-3-2。

图 3-6-3-1 绘制门扇

图 3-6-3-2 完成门的绘制

同样的方法，再画出另外两个规格分别为长 750、950 的门，如图 3-6-3-3。

下面就要把绘制好的门创建为块：

在命令行输入"WBLOCK"命令，则弹出了"写块"对话框，如图 3-6-3-4。

图 3-6-3-3 完成三种规格门的绘制

图 3-6-3-4 "写块"对话框

在对话框"源"选项组中，选择"块"按钮，可以将使用 BLOCK 命令创建的块写入磁盘；选择"整个图形"按钮，可以把全部图形写入磁盘；选择"对象"按钮，可以选择需要写入的对象。先把 900 的门写为块：

在"基点"选项组中，点击"拾取点"的按钮，这是来指定插入块的基点位置。在本例中选取 900 的门的左下角点为基点。

再点击"选择对象"按钮，切换到绘图窗口，用窗选法选取 900 规格的门，回车后返回"写块"对话框。

在"目标"选项组中，可以设置块的名称和保存位置。在"文件名和路径"中输入"D:\cad2007\men1"。确定后就把这个门以块的形式写入了磁盘。

同样的方法，把另外两个门分别写成块，文件名可定为 men2、men3，路径与第一个块相同。

✓ 在文件中插入块

下面再回到原来的居室平面图文件，准备插入刚才写好的块。

先把当前图层设为"门窗"层。

选择"插入块"命令,或点击工具栏中的 ,弹出"插入"对话框(图 3-6-3-6)。

图 3-6-3-5 "写块"对话框　　　　　　　　图 3-6-3-6 "插入"块对话框

在"名称"下拉列表框中,选择刚才定义的块的名字,选择"men1"。

"插入点"选项组用于设置块的插入点位置,可以直接输入 X、Y、Z 的坐标,也可以选中"在屏幕上指定"的复选框,直接在屏幕上指定点插入。本例就可以直接在屏幕上指定。

"缩放比例"保留为 1。

"旋转"的角度保留为 0。

确定后切换到绘图窗口,会发现刚才绘制的门已经出现在窗口中,鼠标移动其位置也跟着移动,插入的基点选在主卧室的门洞下方右边的点,如图 3-6-3-7,点击鼠标左键确定,这个门就被插入到指定的位置了。

图 3-6-3-7 插入主卧室的门

再为书房插入门,由于门的开启方向与主卧不一样,所以在插入时需将"插入"对话框中的"旋转"角度改为 180°,如图 3-6-3-8。

图 3-6-3-8 在"插入"对话框中更改旋转角度

确定后切换到绘图窗口,指定的插入基点为书房门洞左上角的点,确定后这个门也就插好了,如图 3-6-3-9。

图 3-6-3-9 插入书房的门

用同样的方法,把其他房间的门依次插入,这样整个居室的建筑墙体部分就全部绘制完成了。如图 3-6-3-10。

图 3-6-3-10 完成其余门的插入

3.7 绘制并布置家具

居室的平面设计图中家具的布置是十分重要的部分，一般要根据不同房间的功能进行家具的布置，主要的家具有客厅的沙发、茶几、视听柜；卧室的床、床头柜、衣柜；书房的书桌、书柜；卫生间的洁具和厨房的橱柜、餐桌等。有时还会加上一些植物作点缀。居室平面设计图中的家具只是为了表示家具摆放的位置和房间的功能，并不是要表达家具真正的造型，所以家具单体的绘制力求简洁，表达正确的尺度即可，有时也可以利用现有的模板调入，而不用自己绘制。

本例中的家具还是利用写块和插入块的方法来绘制的。先根据正确的尺度，把所用到的家具在另一个文件中画出，由于单件家具的绘制方法没有什么特殊之处，所用的命令都已在前边讲解过，所以具体的绘制过程就不再叙述了。

3.7.1 绘制家具

如图 3-7-1-1，已经分别绘制好了所需的部分家具，沙发、视听柜、主卧和次卧的床、衣柜，以及厨房的橱柜平面图。再按照上边讲过的写块的方法，分别把这些家具单体写为块保存起来。

图 3-7-1-1　绘制好的家具平面图

3.7.2 插入家具

下面再回到原来平面图的绘图窗口，先把当前图层设为"家具"层。

选择"插入块"的命令，或点击按钮 。

在弹出"插入"对话框的"名称"选项后，通过浏览选择刚才定义好的块的名称，如选择次卧室的床："bed1"，"旋转"的角度设为 90°，插入。如图 3-7-2-1。

切换回绘图窗口，将插入基点选在房间内的左上角的点，确定。床就布置在这个房间里了。

第 3 章 室内设计平面图的绘制　　115

图 3-7-2-1　插入床

图 3-7-2-2　完成床的插入

同样的方法，再插入其他的家具单体到合适的位置，插入时的位置、角度都可以根据需要随时调整。如图 3-7-2-3。

图 3-7-2-3　完成其他家具的插入

最后还可以再插入写字台、植物等家具及配饰，最终完成的家具布置如图 3-7-2-4。

图 3-7-2-4　完成家具的布置

3.8　地面填充

室内设计平面图有时还需要对地面的材质加以表示，如木地板、地毯、地砖等，我们可以利用"图案填充"的方法来实现。

"图案填充"的具体操作在前边的章节已经讲解过，这里就以卫生间地面的填充为例再讲解一次。

3.8.1　填充卫生间的地面

首先把当前图层设为"地面"层。因为填充要找到一个封闭的面，所以为方便起见，先在门口处画一条线段，把整个卫生间的地面封闭，图 3-8-1-1。

图 3-8-1-1　封闭卫生间地面

选择"图案填充"命令，或点击 弹出"边界图案填充"对话框，如图 3-8-1-2。

点击"样例"，又弹出了"图案填充选项板"，如图 3-8-1-3，在"其他预定义"中我们选择了名称为"NET"的图案样例，用来表示卫生间的地砖。

图 3-8-1-2 "边界图案填充"对话框

图 3-8-1-3 选择填充样例

回到"边界图案填充"对话框，点击"拾取点"，切换到绘图窗口，在卫生间地面内部任意点单击，则发现周围封闭的一圈线都变为虚线，说明已找到了封闭的区域，图 3-8-1-4。

确定后返回"边界图案填充"对话框，把"比例"改为 50(图 3-8-1-5)。

图 3-8-1-4 "拾取"填充面

图 3-8-1-5 修改填充比例

确定后地面的填充就做好了，如图 3-8-1-6。

图 3-8-1-6　完成卫生间地面填充

3.8.2　填充厨房和门厅的地面

同样的方法可以填充厨房、阳台和门厅的地面，完成后的效果如图 3-8-2-1。

图 3-8-2-1　完成其他房间地面填充

3.9　标注尺寸

平面图画好后，还需要标上一些主要的尺寸，首先将当前图层切换至"尺寸"层，开始进行尺寸标注。

在"标注工具栏"中点击"标注样式"按钮,则弹出"标注样式管理器"对话框,如图 3-9-1。点击"修改标注样式",对标注尺寸的样式可以进行修改,如图 3-9-2。

图 3-9-1 打开"标注样式管理器"对话框

如选择箭头形式为"建筑标记",箭头大小改为 100,如图 3-9-3。文字高度改为 200,文字偏移量为 100 等,如图 3-9-4。

图 3-9-2 修改尺寸线和尺寸界线

图 3-9-3 修改箭头

图 3-9-4　修改文字大小

下面就可以开始尺寸标注，主要利用的是"线性标注"、"连续标注"等命令，与前边基础知识章节讲过的方法是一样的，就不再一一叙述了。标注后如图 3-9-5。

图 3-9-5　完成尺寸标注

3.10　编辑文字

在平面设计图中，有时还要在图中加上文字加以说明，一般用来表示房间名称、材料、室内的设施等。在本例中，我们也加上一些文字，表示各个房间以及地面的铺装材料。

首先把当前图层设为"文字"层。在"格式"下拉菜单中点击"文字样式"，则弹出"文字样式"对话框。新建"样式 1"，选择字体为"宋体"，字体高度为 400，确定。如图 3-10-1。

返回绘图窗口，采用"单行文字"或"多行文字"命令，如利用"多行文字"命令，或点击 A，创建文字。如图 3-10-2，输入"次卧"。

图 3-10-1 "文字样式"对话框

图 3-10-2 输入文字

同样的方法可以为其他的房间和地面材料加上文字标注。如图 3-10-3。

图 3-10-3 填加其他文字

到此，整个平面图的绘制也就完成了。

第4章 室内设计立面图的绘制

4.1 室内设计立面图简述

室内设计立面图是表现室内墙面装修及布置的图样,它除了固定的墙面装修外,尚可画出墙面上可灵活移动的装饰品,以及陈设的家具等设施,供观赏、检查室内设计艺术效果,及绘制透视效果图所用。

所需要绘制的内容包括:剖切后所有能观察到的物品;如家具、家电等陈设物品的投影。但家具陈设等物品应根据实际大小,用统一比例图面绘制;标出室内空间竖向尺寸及横向尺寸;需要标明墙面装饰材料的材质、色彩与工艺要求,另外如墙面上有装饰壁面、悬挂的织物以及灯具等装饰物时也应标明。

4.2 主卧立面图

本章以主卧立面图的制作为例,循序渐进地讲述绘制立面图的方法与技巧。希望通过本章的学习您可以进一步熟悉 AutoCAD 2007 中的常用命令和操作。

图 4-2-1 主卧立面图完成图

4.2.1 绘制墙体

在这一节中将讲述墙体、墙的顶角线、墙的踢角线等图形的绘制方法。主要利用到"直线"工具、"对象捕捉"工具及"偏移"工具。

(1)绘制墙的上端边线

单击状态栏中的"正交"按钮,打开正交模式。然后在"绘图"工具栏内选择 ∕ 工具,命令行提示:_line 指定第一点:(在绘图区的空白处单击鼠标指定第一点)

命令行提示：指定下一点或[放弃(U)]：@3670,0
命令行提示：指定下一点或[放弃(U)]：(单击鼠标右键，在弹出的快捷菜单中选择确认)
这样墙的上端边线即绘制完成。

（2）绘制墙的下端边线

在"修改"工具栏内选择 工具，

命令行提示：_offset

命令行提示：指定偏移距离或[通过(T)]<10.0000>：2740

命令行提示：选择要偏移的对象或<退出>：(选择所绘制线)

命令行提示：指定点以确定偏移所在一侧：(在所绘直线下方单击)

命令行提示：选择要偏移的对象或<退出>：(单击鼠标左键退出)

这样墙的下端边线即绘制完成。

（3）绘制左墙线

单击状态栏中的"对象捕捉"按钮，打开"对象捕捉"模式。然后在"绘图"工具栏内选择 工具，

命令行提示：_line 指定第一点：(选择第一条直线的左边端点)

命令行提示：指定下一点或[放弃(U)]：(选择第二条直线的左边端点)

命令行提示：指定下一点或[放弃(U)]：(单击鼠标右键，在弹出的快捷菜单中选择确认)如图4-2-1-1所示。

（4）绘制墙体线

在"修改"工具栏内选择 工具，

图 4-2-1-1　顶棚、地面及左墙线

命令行提示：指定偏移距离或[通过(T)]<2740.0000>：240

命令行提示：选择要偏移的对象或<退出>：(选择垂直线段)

命令行提示：指定点以确定偏移所在一侧：(在所绘直线右方单击)

命令行提示：选择要偏移的对象或<退出>：(单击鼠标右键退出)

将偏移后的垂直线段向右侧继续偏移3310；再将最右侧的垂直线段向左偏移120。这样就偏移出外墙体和内墙体的四条垂直线。如图4-2-1-2所示。

（5）绘制顶角线

在"修改"工具栏内选择 工具，

命令行提示：指定偏移距离或[通过(T)]<120.0000>：200

命令行提示：选择要偏移的对象或<退出>：(选择上端水平线段)
命令行提示：指定点以确定偏移所在一侧：(在墙体上端水平线的下方单击)
命令行提示：选择要偏移的对象或<退出>：(单击鼠标右键退出)

图 4-2-1-2　立面图大体轮廓线

（6）绘制踢脚线

在"修改"工具栏内选择 工具，

命令行提示：指定偏移距离或[通过(T)]<200.0000>：80
命令行提示：选择要偏移的对象或<退出>：(选择底部水平线段)
命令行提示：指定点以确定偏移所在一侧：(在水平线的上方单击)
命令行提示：选择要偏移的对象或<退出>：(单击鼠标右键退出)

结果如图 4-2-1-3 所示。

图 4-2-1-3　顶角线及踢脚线

（7）修剪墙体

在"修改"工具栏内选择 工具，

命令：_trim

命令行提示：选择对象：(选择从左面起第二条垂直线)，单击鼠标右键
命令行提示：选择要修剪的对象：(选择外墙体内的顶角线和踢脚线部分)

重复 trim 命令

命令行提示：选择对象：(选择从右面起第二条垂直线)，单击鼠标右键
命令行提示：选择要修剪的对象：(选择内墙体内的顶角线和踢脚线部分)

（8）绘制墙体填充线

将"墙体填充线"设置为当前层，颜色为红色，如何设置图层在第一章已有详细的讲述，这里不再重复。

在"绘图"工具栏上单击 按钮，打开【边界图案填充】对话框，选择"图案填充"选项，单击"样例"旁边的窗口，出现【填充图案选项板】对话框，选择"SACNCR"一项。

在"比例"一栏里调整比例，输入"30"。单击对话框右上角的"拾取点"按钮，在绘图屏幕上单击外墙体和内墙体内部任意一点，则将要被填充图形的边线呈虚线显示，回车，单击"确定"按钮。这样内、外墙体填充即完成。如图4-2-1-4所示。

图 4-2-1-4　墙体填充线完成图

4.2.2　绘制窗

本节我们主要介绍窗的绘制方法和技巧，在这里，我们主要使用了"偏移"、"修剪"、"倒角"以及"图案填充"等工具。

（1）绘制窗户外轮廓线

在"修改"工具栏内选择 工具，

命令：_offset

命令行提示：指定偏移距离或[通过(T)]<80.0000>：780

命令行提示：选择要偏移的对象或<退出>：(选择外墙体的内墙线)

命令行提示：指定点以确定偏移所在一侧：(在垂直线的右侧单击)

命令行提示：选择要偏移的对象或<退出>：(单击鼠标右键退出)

继续将内墙体的内墙线向左侧偏移760；顶棚线向下方偏移280；地面线向上方偏移880；将这条新偏移的线继续向下方偏移80。绘制结果如图4-2-2-1所示。

（2）绘制窗轮廓线

单击"修改"工具栏上的 命令，完成窗轮廓线的绘制。

命令：_trim

图 4-2-2-1　窗户轮廓线绘制完成图

命令行提示：选择对象：(选择从下面起第四条水平线，单击鼠标右键)
命令行提示：选择要修剪的对象：(选择新偏移的两条垂直线的下部)
继续重复 trim 命令，绘制结果如图 4-2-2-2 所示。

图 4-2-2-2　窗户偏移线

（3）修剪窗户轮廓线

单击"修改"工具栏上的 按钮，命令提示如下：

命令：_chamfer

命令行提示：当前倒角距离 1=0.0000，距离 2=0.0000

命令行提示：选择第一条直线或[多段线(P)/距离(D)/角度(A)/修剪(T)/方式(M)/多个(U)]：(选择从上面起第三条水平线)

命令行提示：选择第二条直线：(选择左侧窗户轮廓线)

重复 chamfer 命令

当前倒角距离 1=0.0000，距离 2=0.0000

命令行提示：选择第一条直线或[多段线(P)/距离(D)/角度(A)/修剪(T)/方式(M)/多个(U)]：(选择从上面起第三条水平线)

命令行提示：选择第二条直线：(选择右侧窗户轮廓线)

（4）修改窗户轮廓线的"特性"

将窗线和窗台线的特性改为"门窗"层。单击"标准"工具栏上的"特性"按钮，打开"特性"对话框，在"图层"一栏选择"门窗"一项，"门窗"图层为预先设置好的，有关建立图层的方法前面已有论述，这里不再赘述。如图 4-2-2-3 所示。

图 4-2-2-3　窗体轮廓线

（5）偏移窗户内轮廓线

单击"修改"工具栏上的 按钮，命令提示如下：

命令：_offset

命令行提示：指定偏移距离或[通过(T)]<80.0000>：45

命令行提示：选择要偏移的对象或<退出>：(选择窗框左侧的外轮廓线)

命令行提示：指定点以确定偏移所在一侧：(在垂直线的右侧单击)

命令行提示：选择要偏移的对象或<退出>：(单击鼠标右键退出)

继续将新偏移的线向右侧偏移，将偏移值设置为 60，440，60，560，60，440，60；

继续重复 offset 命令

命令行提示：指定偏移距离或[通过(T)]<60.0000>：45

命令行提示：选择要偏移的对象或<退出>：(选择窗框上部的外轮廓线)

命令行提示：指定点以确定偏移所在一侧：(在水平线的下方单击)

命令行提示：选择要偏移的对象或<退出>：(单击鼠标右键退出)

继续将新偏移的线向下方偏移，将偏移值设置为 60，1405；如图 4-2-2-4 所示。

图 4-2-2-4　窗户内部偏移线

(6) 修剪窗户轮廓线

单击"修改"工具栏上的 命令，完成窗线的绘制。

命令：_trim

命令行提示：选择对象：(选择从下面起第五条水平线)，单击鼠标右键

命令行提示：选择要修剪的对象：(选择新偏移的垂直窗线的下部)

依次继续修剪。

单击"修改"工具栏上的按钮 ，命令提示如下：

命令：_chamfer

当前倒角距离 1=0.0000，距离 2=0.0000

命令行提示：选择第一条直线或[多段线(P)/距离(D)/角度(A)/修剪(T)/方式(M)/多个(U)]: (选择从上面起第三条水平窗线)

命令行提示：选择第二条直线：(选择从左侧起第三条垂直窗线)

依次继续倒角。

继续采用 和 命令对图形进行修改，过程不再一一赘述。

(7) 绘制窗户把手

单击"绘图"工具栏上 按钮，

命令：_rectang

命令行提示：指定第一个角点：(在屏幕上单击任意一点)

命令行提示：指定另一个角点：@15,80

将这个矩形移动到窗框上合适的位置，并复制一个。这样两个窗把手即绘制完成。

(8) 为玻璃绘制填充线

首先将图层"填充线"设置为当前层。

同上面提到的绘制填充线步骤类似，在"绘图"工具栏上单击 按钮，打开【边界图案填充】对话框，选择"图案填充"选项，单击"样例"旁边的窗口，出现【填充图案选项板】对话框，选择"ANSI"选项栏，单击"ANSI32"一项，单击确定。

在"比例"一栏里调整比例，输入"30"。单击对话框右上角的"拾取点"按钮，在三块窗玻璃内部各单击任意一点，则将要被填充区域的边线呈虚线显示，回车，单击"确定"按钮。这样玻璃的填充线即绘制完成。如图 4-2-2-5 所示。

图 4-2-2-5 窗户完成图

4.2.3 绘制百叶暖气罩

（1）偏移暖气罩轮廓线

　　单击"修改"工具栏上 按钮，

　　命令：_offset

　　命令行提示：指定偏移距离或[通过(T)]<80.0000>：60

　　命令行提示：选择要偏移的对象或<退出>：(选择踢脚线)

　　命令行提示：指定点以确定偏移所在一侧：(在该水平线的上方单击)

　　命令行提示：选择要偏移的对象或<退出>：(单击鼠标右键退出)

继续将新偏移的线向上方偏移，将偏移值设置为 20，500，20；

继续重复 offset 命令

　　命令行提示：指定偏移距离或[通过(T)]<20.0000>：1000

　　命令行提示：选择要偏移的对象或<退出>：(选择外墙体的内侧墙线)

　　命令行提示：指定点以确定偏移所在一侧：(在该垂直线的右侧单击)

　　命令行提示：选择要偏移的对象或<退出>：(单击鼠标右键退出)

继续将新偏移的线向右侧偏移，将偏移值设置为 20，625，20，625，20；

将新偏移的线利用"特性"命令将其改为"家具及其他"图层。方法如上所述。绘制结果如图 4-2-3-1 所示。

图 4-2-3-1　暖气罩偏移线

（2）修剪暖气罩轮廓线

　　在"修改"工具栏里单击 和 按钮，对暖气罩边缘进行修改。具体步骤如上，不再赘述。

（3）绘制暖气罩填充线

　　在"绘图"工具栏上单击 按钮，打开【边界图案填充】对话框，选择"图案填充"选项，单击"样例"旁边的窗口，出现【填充图案选项板】对话框，选择"ANSI"选项栏，单击"ANSI31"一项，单击确定。

　　在"角度"一栏里输入"-45"，在"比例"一栏里输入"10"。

单击对话框右上角的"拾取点"按钮,在左右两块暖气罩上面单击任意一点,则将要被填充区域的边线呈虚线显示,回车,单击"确定"按钮。这样暖气罩的填充线即绘制完成。如图4-2-3-2 所示。

图 4-2-3-2　暖气罩完成图

4.2.4　尺寸标注

（1）设置标注样式

将"尺寸标注"图层设置为当前图层。单击"标注"工具栏上 按钮,打开【标注样式管理器】对话框,单击"修改"按钮,打开【修改标注样式】对话框,修改各项目直到合适为止,具体方法与平面图标注类似。

（2）进行线性标注

单击"标注"工具栏上"线性标注"按钮,

命令：_dimlinear

命令行提示：指定第一条尺寸界线原点或<选择对象>：（单击要标注的尺寸界线的原点）

命令行提示：指定另一条尺寸界线原点：（单击要标注的另一条尺寸界线的原点）

重复 dimlinear 命令,完成所有的尺寸标注,如图 4-2-4-1 所示。

图 4-2-4-1　尺寸标注完成图

4.2.5 文字标注

（1）设置文字样式

新建"文字标注 1"图层，并将其设置为当前图层，将线宽设置为 0.35 毫米，绘制引线的基线部分。具体步骤参照前面有关"图层"的章节。

（2）绘制文字标注引线

单击"绘图"工具栏上按钮 ╱，

命令：_line

命令行提示：指定第一点：（在屏幕上任意一处单击）

命令行提示：指定下一点或[放弃（U）]：@0,-200

单击"修改"工具栏上按钮 ⚙，

命令：_copy

命令行提示：选择对象：（选择新绘制的直线）

命令行提示：指定基点或位移：（将直线移动到适当的位置）

重复 copy 命令

单击"修改"工具栏上 ⟳ 按钮，

命令：_rotate

命令行提示：指定基点：（在屏幕上单击任意一点）

命令行提示：指定旋转角度：90

重复 copy 命令

（3）绘制指引线的另一部分

新建"文字标注 2"图层，并将其设置为当前图层。在该图层绘制指引线的另一部分及文字，单击"状态栏"中"正交"按钮。

单击"绘图"工具栏上 ╱ 按钮，

命令：_line

命令行提示：指定第一点：（在屏幕上欲标注文字起点处单击）

命令行提示：指定下一点或[放弃（U）]：（根据适当的长度在屏幕适当处单击）

（4）进行文字标注

单击"文字"工具栏上"文字样式"按钮，打开【文字样式】对话框，

将"文字高度"设为 100，"文字样式"设为"仿宋"。

单击"文字"工具栏上"单行文字"按钮：

命令：_dtext

指定文字的起点：（在适当位置单击）

指定文字的旋转角度<0>：（回车）

输入文字：（按图 4-2-5-1 所示输入文字）

图 4-2-5-1 文字标注完成图

4.3 绘制儿童房立面图

图 4-3-1 儿童房立面图完成图

4.3.1 绘制墙体

与上一节中绘制墙体部分类似,所以只简要进行描述。

(1) 绘制墙体轮廓线

单击状态栏中的"正交"按钮,打开正交模式。然后在"绘图"工具栏内选择"直线"工具,

命令:_line 指定第一点:(在绘图区的空白处单击鼠标指定第一点)

指定下一点或[放弃(U)]:@3830,0

指定下一点或[放弃(U)]:(单击鼠标右键,在弹出的快捷菜单中选择确认)

先绘制一条水平线作为墙的上端边线。

在"修改"工具栏内选择 工具,数值为2740。偏移水平线作为墙的下端边线。

单击状态栏中的"对象捕捉"按钮,打开"对象捕捉"模式。然后在"绘图"工具栏内选择 工具,

命令:_line 指定第一点:(选择第一条直线的左边端点)

命令行提示:指定下一点或[放弃(U)]:(选择第二条直线的左边端点)

命令行提示:指定下一点或[放弃(U)]:(单击鼠标右键,在弹出的快捷菜单中选择确认)

在"修改"工具栏内选择 工具,偏移数值分别为240,3350,240。

这样就偏移出外墙体和内墙体的四条垂直线。

(2) 绘制墙体填充线

墙体填充部分与上一例类似。如图 4-3-1-1 所示。

图 4-3-1-1 墙体填充完成图

4.3.2 绘制门

本节我们将介绍门的绘制方法和技巧。

(1) 绘制门的轮廓线

在"修改"工具栏内单击 按钮,

命令:_offset

命令行提示:指定偏移距离或[通过(T)]<80.0000>:50

命令行提示:选择要偏移的对象或<退出>:(选择右侧第二条垂直线)

命令行提示：指定点以确定偏移所在一侧：(在该垂直线的左侧单击)
命令行提示：选择要偏移的对象或<退出>：(单击鼠标右键退出)
继续将新偏移的线向左侧偏移，将偏移值设置为 940，50；
继续重复 offset 命令
命令行提示：指定偏移距离或[通过(T)]<50>：2080
命令行提示：选择要偏移的对象或<退出>：(选择地面线)
命令行提示：指定点以确定偏移所在一侧：(在该水平线的上方单击)
命令行提示：选择要偏移的对象或<退出>：(单击鼠标右键退出)
继续将新偏移的线向上方偏移，将偏移值设置为 50；
在"修改"工具栏内单击 ⊣┄ 按钮和 ⌐ 按钮，对图形进行修改，具体步骤与上一例类似。

（2）绘制门上的装饰线条

在"绘图"工具栏单击 □ 按钮，

命令：_rectang

命令行提示：指定第一个角点：(在屏幕上任意一点单击)

命令行提示：指定另一个角点：@160,160

在"修改"工具栏上单击 ⊙ 按钮，复制一个矩形。然后在"修改"工具栏上单击 □ 按钮，

命令：_scale

命令行提示：选择对象：(选择新绘制的矩形)

命令行提示：指定基点：(在矩形任意角点上单击)

命令行提示：指定比例因子：0.8

将缩放后的矩形移动到适当的位置，继续复制，绘制结果如图 4-3-2-1 所示。

图 4-3-2-1　门轮廓线及装饰线绘制完成图

（3）绘制门把手

在"绘图"工具栏单击 □ 按钮，

命令：_rectang

命令行提示：指定第一个角点：(在屏幕上任意一点单击)

命令行提示：指定另一个角点：@40,160

在"绘图"工具栏上单击 / 按钮，单击"状态栏"中"对象捕捉"按钮，绘制该矩形的对角线，作为辅助线。

在"绘图"工具栏上单击 ⊙ 按钮，

命令：_circle

命令行提示：指定圆的圆心：（在对角线交点上单击）

命令行提示：指定圆的半径：（20）

在"绘图"工具栏上单击"多线" ⇀ 按钮，

命令：_pline

命令行提示：指定起点：（在屏幕上任意一点单击）

当前线宽为 0.0000

命令行提示：指定下一个点或 [圆弧(A)/半宽(H)/长度(L)/放弃(U)/宽度(W)]：@100,0

命令行提示：指定下一点或 [圆弧(A)/闭合(C)/半宽(H)/长度(L)/放弃(U)/宽度(W)]：a

命令行提示：指定圆弧的端点或[角度(A)/圆心(CE)/闭合(CL)/方向(D)/半宽(H)/直线(L)/半径(R)/第二个点(S)/放弃(U)/宽度(W)]：r

命令行提示：指定圆弧的半径：15

命令行提示：指定圆弧的端点或 [角度(A)]：a

命令行提示：指定包含角：180

命令行提示：指定圆弧的弦方向 <0>：90

命令行提示：指定圆弧的端点或[角度(A)/圆心(CE)/闭合(CL)/方向(D)/半宽(H)/直线(L)/半径(R)/第二个点(S)/放弃(U)/宽度(W)]：l

命令行提示：指定下一点或 [圆弧(A)/闭合(C)/半宽(H)/长度(L)/放弃(U)/宽度(W)]：@-100,0

命令行提示：指定下一点或 [圆弧(A)/闭合(C)/半宽(H)/长度(L)/放弃(U)/宽度(W)]：a

命令行提示：指定圆弧的端点或[角度(A)/圆心(CE)/闭合(CL)/方向(D)/半宽(H)/直线(L)/半径(R)/第二个点(S)/放弃(U)/宽度(W)]：r

命令行提示：指定圆弧的半径：15

命令行提示：指定圆弧的端点或 [角度(A)]：a

命令行提示：指定包含角：180

命令行提示：指定圆弧的弦方向 <180>：<对象捕捉开>

命令行提示：指定圆弧的端点或[角度(A)/圆心(CE)/闭合(CL)/方向(D)/半宽(H)/直线(L)/半径(R)/第二个点(S)/放弃(U)/宽度(W)]：CL

将新绘制的多段线移动到适当的位置，绘制结果如图 4-3-2-2 所示。

4.3.3 绘制柜子

本节主要讲述室内家具的绘制方法和技巧。在这里，我们主要是利用"矩形"和"直线"绘图工具绘制图形，然后再利用"偏移"工具、"修剪"工具和"倒角"工具对线段进行修改。

（1）绘制柜子轮廓线

在"修改"工具栏内单击 ⌒ 按钮，

图 4-3-2-2　门把手绘制完成图

命令：_offset

命令行提示：指定偏移距离或[通过(T)]<80.0000>：400

命令行提示：选择要偏移的对象或<退出>：(选择左侧第二条垂直线)

命令行提示：指定点以确定偏移所在一侧：(在该垂直线的右侧单击)

命令行提示：选择要偏移的对象或<退出>：(单击鼠标右键退出)

继续将新偏移的线向左侧偏移，将偏移值设置为 400，500，400，400。

继续重复 offset 命令

命令行提示：指定偏移距离或[通过(T)]<400>：50

命令行提示：选择要偏移的对象或<退出>：(选择地面线)

命令行提示：指定点以确定偏移所在一侧：(在该水平线的上方单击)

命令行提示：选择要偏移的对象或<退出>：(单击鼠标右键退出)

继续将新偏移的线向上方偏移，将偏移值设置为 200，200，200，200，300，300，300，450，50。

在"修改"工具栏内单击 按钮和 按钮，对图形进行修改，具体步骤与上一例类似。

（2）绘制柜子门拉手和抽屉拉手

在"绘图"工具栏单击口按钮，

命令：_rectang

命令行提示：指定第一个角点：（在屏幕上任意一点单击）

命令行提示：指定另一个角点：@20,150

继续在"绘图"工具栏单击口按钮，

命令：_rectang

命令行提示：指定第一个角点：（在屏幕上任意一点单击）

命令行提示：指定另一个角点：@100,10

将这两个矩形复制，并移动到适当的位置，绘制结果如图 4-3-3-1 所示。

第 4 章 室内设计立面图的绘制 137

图 4-3-3-1 柜子绘制完成图

4.3.4 尺寸标注

步骤与上一例中类似，故不再重复。

4.3.5 文字标注

步骤与上一例中类似，绘制结果如图 4-3-5-1 所示。

图 4-3-5-1 儿童房立面图绘制完成图

第5章 家具制图的制图规范及标准

在第二章，我们已经向大家简要介绍了室内设计制图的规范及标准，其中有一些与这一章将要介绍的家具制图规范及标准是相同的，我们就不再重复，我们只介绍那些不同于其他行业的，家具行业的专用制图规范及标准。

5.1 制图标准简介

5.1.1 标题栏

家具制图标准依据国家标准规定精神，结合本行业生产实际推荐有两种标题栏格式，图5-1-1-1 是其中一种。

图 5-1-1-1　家具制图标准推荐标题栏格式

5.1.2 比例

家具制图中标准的比例系数如表 5-1-2-1。

标准规定比例系列　　　　　　表 5-1-2-1

种　类	比　例
原值比例	1∶1
放大比例	5∶1, 2∶1
缩小比例	1∶2, 1∶5, 1∶10

5.1.3 图线

图线在家具设计制图中的应用如下：$b\,(0.25\sim 1\text{mm})$

(1) 实线（宽 b）：1）基本视图中可见轮廓线；2）局部详图索引标志。

(2) 粗实线（1.5～2b）：1）剖切符号；2）局部详图可见轮廓线；3）局部详图标志；4）局部详图中连接件简化画法；5）图框线及标题栏外框线。

(3) 虚线（b/3 或更细）：不可见轮廓线，包括玻璃等透明材料后面的轮廓线。

(4) 粗虚线(1.5～2b)：局部详图中，连接件外螺纹的简化画法。

(5) 细实线（b/3 或更细）：1）尺寸线及尺寸界限；2）引出线；3）剖面线；4）各种人造板、成型空心板的内轮廓线；5）小圆中心线，简化画法表示连接位置线；6）圆滑过渡交线；7）重合剖面轮廓线；8）表格分格线。

(6) 点划线（b/3 或更细）：1）对称中心线；2）回转体轴线；3）半剖视分界线；4）可动零部件的外轨迹线。

(7) 双点划线（b/3 或更细）：1）假想轮廓线；2）表示可动部分在极限或中间位置时的轮廓线。

(8) 双折线（b/3 或更细）：1）假想断开线；2）阶梯剖视分界线。

(9) 波浪线（b/3 或更细）：1）假想断开线；2）回转体断开线；3）局部剖视的分界线。

5.2 剖面符号

当家具或其零部件画成剖视或剖面时，假想被剖切到的实体部分，一般应画出剖面符号，以表示已被剖切的部分和零、部件的材料类别。各种材料的剖面符号画法，家具制图标准作了详尽规定，要注意的是剖面符号用线为细实线。

5.2.1 家具常用材料的剖面符号画法

图 5-2-1-1 列出了家具常用材料的剖面符号画法：

(1) 方材横断面
(2) 板材横断面
(3) 木材纵断面
(4) 胶合板剖面符号
(5) 覆面刨花板
(6) 细木工板横断面
(7) 细木工板纵断面
(8) 纤维板
(9) 薄木
(10) 金属
(11) 塑料、有机玻璃等
(12) 软质填充材料

5.2.2 家具中有些材料如玻璃、镜子和网纱等一般未被剖切也画上符号，如图 5-2-2-1 所示。

(1) 玻璃
(2) 镜子

（3）空芯板

右边下面是在基本视图上的画法。

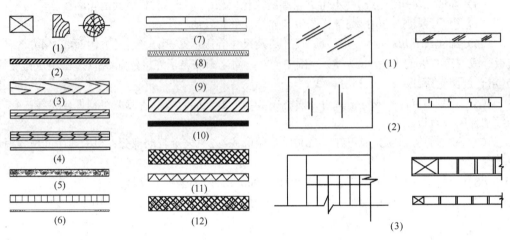

图 5-2-1-1　家具常用材料的剖面符号　　　图 5-2-2-1　图例及剖面符号

5.2.3　多层结构材料的画法

在用剖面符号不能完全表达清楚材料具体名称时，往往要附以文字说明。如图 5-2-3-1 所示。

图 5-2-3-1　多层结构材料的画法

5.3　局部详图

将家具或其零、部件的部分结构，用大于基本视图或原图形的画图比例画出的图形称为局部详图。

局部详图可以画成剖视、视图、剖面各种形式，以画成剖视最多。局部详图必须加以标注。

（1）在视图中被放大部位的附近，应画出直径 8mm 的实线圆圈作为局部详图索引标志，圈中写上数字。

(2) 同时在相应的局部详图附近则画上直径 12mm 的粗实线圆圈,圈中写上同样的数字作为局部详图的标志。粗实线圈的右边中间画一水平细实线,上写详图所用比例。如图 5-3-1 所示。

图 5-3-1　局部详图标注符号

5.4　榫接合和连接件连接画法

5.4.1　榫接合画法规定

榫接合是家具结构中应用极为广泛的不可拆连接。它的画法家具制图标准有特殊的规定,如图 5-4-1-1 所示。

5.4.2　家具常用连接件连接的规定画法

家具上一些常用连接件如木螺钉等,家具制图标准都规定了特有的画法。在局部详图中,它们的画法如图 5-4-2-1 所示。右侧是不同方向的另一视图。

(1) 螺栓连接
(2) 圆钢钉连接
(3) 木螺钉连接

图 5-4-1-1　榫接合画法规定　　　　图 5-4-2-1　常用连接件连接画法

5.4.3　家具专用连接件连接的规定画法

家具专用连接件近年来发展迅速,随着板式家具可拆连接和自装配式家具兴起,家具专用的连接件越来越多。图 5-4-3-1 是几种家具专用连接件连接的在局部详图上的规定画法。

(1) 空芯螺钉连接;
(2) 圆柱螺母连接;
(3) 螺栓偏心连接件连接;
(4) 凸轮柱连接件连接;

（5）杯状暗铰链。右边较小的是在基本视图上的画法。如图 5-4-3-2 所示。

(1)　　　　　　　　　　　(2)

(3)　　　　　　　　　　　(4)

图 5-4-3-1　几种家具专用连接件连接的画法

图 5-4-3-2　杯状暗铰链的规定画法

第6章 板式家具设计图的绘制

6.1 板式家具设计图简述

人造板作为一种标准工业板材给家具这一传统行业带来了革命性的变化，因为这种材料有利于保护生态环境，而且克服了天然木材的某些缺点，从而为家具的工业化生产打开了方便之门。板式家具主要以人造板为基材，制造板式部件的材料可分为实心板和空心板两大类。

板式家具设计图一般包括：三视图、结构装配图、各主要零部件图。有时会需要拆装示意图和效果图。三视图主要用于表现整件家具的外观，一般包括主视图、俯视图和左视图；结构装配图要求在三视图的基础上表现家具内部的结构，需要画出剖视图，对于重要节点甚至需要按1∶1的比例画出详图，对于曲线或者造型复杂的部位需要放大出大样图；零部件图要求标明每个零部件的具体尺寸以及结构尺寸；拆装示意图需要以轴测图的形式画出各个零部件之间装配的关系；效果图主要表现家具外观的整体效果，有时还需要表现一套家具的各种搭配、摆放的效果。

本章节就将以一件板式柜子作为实例讲解一套图纸的绘制过程，按照三视图、结构装配图、零件图的顺序讲解。（拆装示意图和效果图在这里则不作重点讲述。）读者将首先看到画好的图纸，然后针对每张图纸讲解需要注意的事项和具体操作的流程。

6.2 板式家具三视图的绘制

一般操作的过程是先进行画图前的各项设置，然后画好主视图的图形，再根据主视图按照画法几何的法则画出左视图和俯视图。

设置绘图环境如前所述，这里不再重复。其完成图如图6-2-1所示：

6.2.1 绘制主视图

（1）左旁板的绘制

左旁板的规格为长为2110mm，板厚20mm。

使用矩形工具 ▭，或在命令行中键入"rec"，

命令行提示："指定第一个角点或 [倒角(C)/标高(E)/圆角(F)/厚度(T)/宽度(W)]:"，此时通过鼠标在图纸上捕捉任意点，或键盘输入任意点作为左下角点；

命令行提示："指定另一个角点或 [尺寸(D)]:"，使用相对坐标，输入右上角点为（@20, 2110），画出左旁板；

图6-2-1 板式家具三视图完成图

(2) 右旁板的绘制

使用复制对象工具，或在命令行中键入"co"，

命令行提示："选择对象："，选中刚画好的左旁板，并按回车或空格键；

命令行提示："选择对象：指定基点或位移，或者 [重复(M)]："，指定右下角点为基点，水平向右拖动鼠标（如果"正交"没有打开，可以使用快捷键 F8 打开"正交"），输入移动距离 450 后回车，复制出右旁板。

(3) 顶板、搁板、隔板和底板的绘制

使用矩形工具，或在命令行中键入"rec"，

命令行提示："指定第一个角点或 [倒角(C)/标高(E)/圆角(F)/厚度(T)/宽度(W)]："，此时打开对象捕捉，通过鼠标在图纸上捕捉左旁板的右上角点为顶板的左上角点；

命令行提示："指定另一个角点或 [尺寸(D)]："，使用相对坐标，输入右上角点为（@450,–20），画出顶板；

单击工具栏上，将顶板移动到距离旁板顶的距离为 22mm 的位置。

命令行提示：选择对象：(选择顶板)

命令行提示：指定基点或位移：(指定顶板的左上角点)

命令行提示：指定位移的第二点或 <用第一点作位移>：@0,–22

绘制结果如图 6-2-1-1 所示。

图 6-2-1-1　左、右旁板与顶板绘制完成图

然后依次复制出隔板和底板，各个板的间距从上到下依次是 1324mm、364mm、204mm。利用"复制"命令时，输入距离时应该加上板厚。绘制结果如图 6-2-1-2 所示。

(4) 抽屉的绘制

使用矩形工具，或在命令行中键入"rec"，

命令行提示："指定第一个角点或 [倒角(C)/标高(E)/圆角(F)/厚度(T)/宽度(W)]："，此时打开对象捕捉，通过鼠标在图纸上捕捉隔板的左下角点为抽屉面板的左上角点；

命令行提示："指定另一个角点或 [尺寸(D)]："，使用相对坐标，输入右下角点为（@450,–180），画出抽屉面板；

图 6-2-1-2 隔板与底板绘制完成图

利用工具 绘制另一个抽屉面板,

命令行提示：选择对象：(选择抽屉面板)

命令行提示：指定基点或位移，或者 [重复(M)]：(指定抽屉面板右下角点)

命令行提示：指定位移的第二点或 <用第一点作位移>：(打开捕捉命令，捕捉下层搁板右上角点。)

这样，两个抽屉面板即绘制完成。绘制结果如图 6-2-1-3 所示。

图 6-2-1-3 抽屉绘制完成图

（5）门边框的绘制

使用矩形工具 ，或在命令行中键入 "rec"。门边框的宽度为 50，具体步骤不再详细叙述。

（6）玻璃搁板和把手的绘制

利用 和 工具绘制玻璃搁板，板厚为 5mm，各层搁板之间的净间距从上到下依次为 246mm、256mm、256mm、256mm、310mm。

根据制图规范，玻璃后面的物体用虚线表示，被实体挡住的线不画，所以选择线型为虚线，同时可以通过"对象特性管理器"调节线型比例以在绘图区域中正确显示出虚线的效果。

把手大小为60×20，单位：mm；把手位置在相应板面的中央偏上。绘制结果如图6-2-1-4所示。

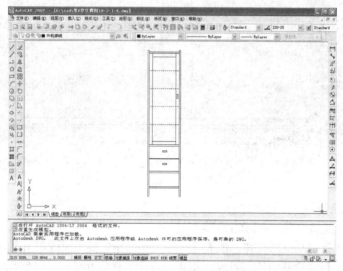

图 6-2-1-4　主视图轮廓线完成图

（7）绘制玻璃材质的剖面线

　　1）单击工具栏上 ╱ 命令

　　命令：_line

　　命令行提示：指定一点：（单击任意一点）

　　命令行提示：指定下一点或 [放弃(U)]：　＜正交 开＞ @0,–120

　　2）单击工具栏上 ↻ 命令

　　命令：_rotate

　　UCS 当前的正角方向：ANGDIR=逆时针　ANGBASE=0

　　命令行提示：选择对象：找到 1 个

　　命令行提示：指定基点：<对象捕捉开>单击线上一点

　　命令行提示：指定旋转角度或 [参照(R)]：–30

　　3）单击工具栏上 ⊗ 命令

　　命令：_copy

　　命令行提示：选择对象：（单击该直线）

　　命令行提示：指定基点或位移，或者[重复(M)]：（单击线上任意一点）

　　命令行提示：指定位移的第二点或 ＜用第一点作位移＞：（单击适当一点）

　　4）单击工具栏上 ▭ 命令

　　命令：_scale

　　命令行提示：选择对象：（选择复制后的直线）

　　命令行提示：指定基点：（单基线上任意一点）

　　命令行提示：指定比例因子或 [参照(R)]：2

第 6 章 板式家具设计图的绘制　　　　　　　　　　　　　　　　147

5）单击工具栏上 ⚒ 命令

命令：_mirror

命令行提示：选择对象：(选择原直线)

命令行提示：指定镜像线的第一点：(单击复制后的线的一个端点)

命令行提示：<对象捕捉开>指定镜像线的第二点：(单击复制后的线的另一个端点)

命令行提示：是否删除源对象？[是(Y)/否(N)] <N>：N

复制这一组线段，则玻璃剖面线绘制完成。

主视图绘制完成，如图 6-2-1-5 所示。

图 6-2-1-5　主视图绘制完成图

6.2.2　绘制左视图

根据"上下对正，左右对齐"的画法几何原则，画出左视图，画的时候开启"正交"状态将方便地得到最终结果。

命令：_xline

命令行提示：指定点或 [水平(H)/垂直(V)/角度(A)/二等分(B)/偏移(O)]：h

命令行提示：指定通过点：(单击主视图上最上面一点)

命令行提示：指定通过点：(单击最下面的搁板底面一点)

命令行提示：指定通过点：(单击主视图上最下面一点)

这样三条构造线即绘制完成。

单击绘图工具栏上 ✏，

命令：_line

命令行提示：指定第一点：(打开对象捕捉，捕捉下面构造线的垂足点)

命令行提示：指定下一点或 [放弃(U)]：(捕捉上面构造线的垂足点)

命令行提示：指定下一点或 [放弃(U)]：@400,0

命令行提示：指定下一点或 [放弃(U)]：(捕捉下面构造线的垂足点)

命令行提示：指定下一点或 [闭合(C)/放弃(U)]：@ - 60,0

命令行提示：指定下一点或 [闭合(C)/放弃(U)]：(捕捉中间构造线的垂足点)
命令行提示：指定下一点或 [闭合(C)/放弃(U)]：@-280,0
命令行提示：指定下一点或 [放弃(U)]：(捕捉下面构造线的垂足点)
命令行提示：指定下一点或 [闭合(C)/放弃(U)]：c

门与抽屉把手的左视图也依照上述方法绘制。绘制结果如图 6-2-2-1 所示。

图 6-2-2-1　左视图绘制完成图

6.2.3　绘制俯视图

绘制方法与上例类似。绘制结果如图 6-2-3-1 所示。

图 6-2-3-1　俯视图绘制完成图

6.2.4　尺寸标注

在三视图中一般需要注明家具的总体尺寸和功能尺寸。总体尺寸即家具的长、宽、高，表示家具所占空间的大小；功能尺寸表示家具满足使用功能的必须尺寸，如柜门大小、抽屉大小等。

用户可以切换到"尺寸标注"一层,添加标注工具栏,首先进行标注样式的设置。用以上的方法依次标注尺寸,完成后如 6-2-4-1 所示。

图 6-2-4-1　尺寸标注完成图

6.3　板式家具结构装配图的绘制

首先看画好的图纸,如图 6-3-1。

图 6-3-1　板式家具结构装配图绘制完成图

6.3.1 板式家具结构装配图简述

在三视图的基础上,结构装配图需要清楚地表达家具及部件的结构特点和装配关系以及零部件的基本形状,因此一般要绘制各种剖视图。在总体尺寸和功能尺寸的基础上还需要标明装配尺寸(如柜门和门框尺寸、螺钉规格、连接件位置)和零件尺寸。在重要的节点上需要绘制 1∶2 甚至 1∶1 的详图,装饰复杂和曲线多的零、部件需要绘制大样图。

可以在三视图的基础上直接进行结构装配图的绘制,缺少的线型、图层可以直接添加。

首先是绘制三个视图的剖视图。针对本件家具,为了清楚地表达内部结构,主视图半剖,左视图全剖,俯视图阶梯剖。到底该如何选择剖视,需要一定的经验,并要求设计师尽量有一个比较系统的思维方法。被剖切线剖开的地方需要使用填充以表现使用的材料。用户需要注意的是填充时设置好显示比例,如果填充的图案过密或者过于稀疏就看不到填充效果。

6.3.2 绘制主视剖视图

(1)删去三视图的主视图中不需要的部分,在中心位置绘制中心线

绘制右部的玻璃搁板,因为右部剖开后可见,所以在"外轮廓线"一层绘制。结果如图 6-3-2-1 所示。

图 6-3-2-1　半剖面的视图

(2)绘制抽屉半剖图

根据具体尺寸采用矩形命令绘制抽屉背板、侧板和底板。绘制结果如图 6-3-2-2 所示。

(3)绘制右半部剖切图的剖面线

其中板件为中密度纤维板,注意其剖面符号与玻璃的剖面符号是不同的,应该分别绘制。

(4)尺寸标注

与上例类似,不再重复。绘制结果如图 6-3-2-3 所示。

第 6 章 板式家具设计图的绘制

图 6-3-2-2 抽屉半剖视图

图 6-3-2-3 半剖主视图绘制完成图

6.3.3 绘制左视图

根据三视图的左视图绘制剖视图的左视图。

（1）绘制顶板、底板、中隔板和玻璃搁板

打开对象捕捉，从主视图引直线，再采用 -/- 命令。

（2）绘制玻璃门板、背板及两个抽屉面板

利用命令 口 进行绘制，再利用 -/- 和 ✍ 命令将隔板和搁板的多余部分修剪掉，绘制结果如图 6-3-3-1 所示。

图 6-3-3-1　全剖左视图

(3) 绘制其余细节

包括抽屉、剖面线，以及标注尺寸，方法与上例类似。绘制结果如图 6-3-3-2 所示。

图 6-3-3-2　全剖左视图绘制完成图

6.3.4　绘制俯视图

(1) 绘制背板

在原来的三视图俯视图上绘制中心线，因为俯视图是在中心位置阶梯剖，在主视图上绘制剖切符号，相应地在俯视图上方也绘制剖切符号，结果如图 6-3-4-1 所示。

图 6-3-4-1　阶梯剖的俯视图

背板的厚度为 8，嵌入两旁板内部，嵌入深度为 5，所以背板宽×厚为 460×8。它与顶板的后边沿距离为 8，我们可以由此定位。

（2）绘制玻璃门板及抽屉

其结构为木框内嵌入玻璃，木框的规格为 50×20。抽屉为双层面板，玻璃搁板按设计尺寸进行绘制，这样轮廓线即绘制完成，剖面线的绘制方法与主视图类似。绘制结果如图 6-3-4-2 所示。

图 6-3-4-2　俯视图绘制完成图

（3）标注尺寸

方法与上述类似。这样结构装配图的基本视图即绘制完成，结果如图 6-3-4-3 所示。

图 6-3-4-3　结构装配图基本视图绘制完成图

6.3.5　绘制局部详图

（1）在基本视图上绘制索引符号

需要绘制局部详图的部位以将节点的结构表达清楚且不重复为原则。

根据国家标准，基本视图上的索引符号的圆圈直径为 8，局部详图上为 12，这里的尺寸是最后的图纸上的尺寸。而在屏幕上实际绘制的尺寸是这一尺寸与出图比例的乘积。在这一例中出图比例是 1∶10。所以绘制时，基本视图上的索引符号的圆圈直径按 80 绘制，局部详图上的索引符号的圆圈直径按 120 绘制。绘制结果如图 6-3-5-1 所示。

图 6-3-5-1　索引符号的绘制图

（2）绘制局部详图

注意外轮廓线用粗实线，省略部分用折断线断开，另外将需要的金属连接件绘制完成后，做成块，需要时插入。

另外绘制局部详图时，我们可以按照实际尺寸进行绘制，绘制完成后整体将局部详图放大 5 倍，因为基本视图按 1∶10 出图，而局部详图按 1∶2 出图，之间的比例是 5 倍。绘制结果如

图 6-3-5-2 所示。

图 6-3-5-2 局部详图绘制完成图

总的绘制结果如图 6-3-5-3 所示。

图 6-3-5-3 结构装配图绘制完成图

6.4 板式家具零件图的绘制

这里简单介绍一下板式家具设计中所涉及的 32mm 原则。32mm 的意思是，在旁板等涉及家具结构的重要板面上所有结构孔和系统孔之间的间距必须是 32mm 的整数倍。这样在板面钻孔时，可以通过多排钻按照 32mm 的模数定好位后完成板面批量生产的同时，保证加工的精度。由于板式家具完全是人造板与金属连接件组成的，所以通过 32mm 控制的家具部件和金属连接件都具有通用性。

一般板式家具的零部件的图形比较简单，难处在于需要按照 32mm 系列打孔，并完善地表达出来，清楚地标注尺寸以指导生产，这就要求制图员熟悉生产工艺和 32mm 系列的含义。这里只简单介绍旁板的绘制方法。

6.4.1 绘制雏形图

首先按照旁板的规格，利用 ▭ 工具绘制旁板外轮廓线。然后利用 🗋 工具将矩形炸开，在需要打孔的地方利用 ✳ 工具定位，绘制结果如图 6-4-1-1 所示。

图 6-4-1-1　旁板雏形图

6.4.2 绘制完成图

相同规格的孔用一种表示符表示，可以将这些表示符先做成块，然后用捕捉命令移动或复制到指定位置，尺寸标注与上例没有区别，文字标注方法如图 6-4-2-1 所示。

图 6-4-2-1　旁板零件图完成图

第 7 章 软体家具设计图的绘制

7.1 软体家具简述

软体家具是指主要部件由软垫材料组成的家具。由于其柔软和具有弹性,所以是更适用于坐卧的家具,如软椅、软凳、沙发和床垫等。合理的软家具结构能使使用者减轻工作中的疲劳,得到充分的休息,又因软体家具采用了各种覆面材料和软垫材料,所以给人以舒适、柔软和华丽、美观的感觉。

软体家具多数是用木材、塑料或钢等材料组成支架,外面包覆软性材料,此外也有不用支架的全软结构和充气结构的软家具。软椅、软凳的支架和硬椅、凳支架结构基本上相同,而其软垫结构有些又和沙发相似,故本章着重介绍一例沙发的外形图及结构装配图的绘制方法。

沙发的设计需要绘制外形图(包括三视图,有时还包括透视效果图)、结构装配图,对复杂或特制的零部件还需绘制零部件图。

7.2 沙发外形图的绘制

沙发外形图的绘制包括外形三视图的绘制和主要尺寸的标注,下面将介绍整套沙发图中外形三视图中正视图(如图 7-2-1)的具体画法:

图 7-2-1 沙发外形图——正视图

7.2.1 建立新图层

在作图之前先点击"图层管理器"工具栏中的 ,桌面会弹出"图层特性管理器"对话框(如图 7-2-1-1),点击"新建"按钮,在下面的空白区会增加新的图层,先建立两个新图层,分别命名为"外形图"和"尺寸标注",其中尺寸标注图层设为红色。还可根据需要在此对话框中增加新的图层，改变线型等（具体操作可参考前章节）。

图 7-2-1-1　建立两个新图层

7.2.2　绘制沙发外形图

（1）绘制沙发底座

先将图层切换至刚才设好的"外形图"一层。

在命令行输入："L"，使用直线命令，或点击 ，

命令行提示："指定第一点"，可在绘图区域任意指定一点，同时按下 F8 保证"正交"呈开启状态；

命令行提示："指定下一点或 [放弃(U)]:"输入 1660，按回车结束命令；

再次按下回车，结束整个直线绘制的命令。

这时绘制的直线很可能在绘图区看不到另一个端点，点击"窗口缩放"下的小三角符号 ，切换到 范围缩放，这时刚才绘制的整条直线就都出现在绘图区域了（如图 7-2-2-1）。

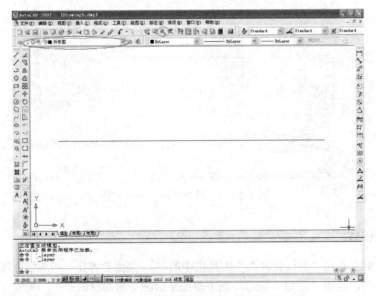

图 7-2-2-1　绘制沙发底座，一条长 1660 的直线

（2）绘制第二条线

在命令行输入："O"，使用偏移命令，或点击 ，

命令行提示："指定偏移距离或 [通过(T)] <通过>："，输入 235，即要偏移的距离，按回车；

命令行提示："选择要偏移的对象或 <退出>："，点击刚才绘制的那条直线；

命令行提示："指定点以确定偏移所在一侧："，指定直线上方的一点，便在上方 235 处出现另一条与原直线相同的直线，然后按回车，结束偏移命令。

这时绘图区便出现两条长 1660 的直线。

（3）绘制沙发座垫

在命令行输入："REC"，使用矩形命令，或点击 ；（并打开"对象捕捉"）

命令行提示："指定第一个角点或 [倒角(C)/标高(E)/圆角(F)/厚度(T)/宽度(W)]："，点击上方直线的中点为第一个角点；

命令行提示："指定另一个角点或 [尺寸(D)]："，输入："@780,170" 后回车，即指定座垫的宽为 780，高为 170；

（4）为沙发座垫倒圆角

在命令行输入："F"，使用圆角命令，或点击 ，

命令行提示："选择第一个对象或 [多段线(P)/半径(R)/修剪(T)/多个(U)]："，输入 R 按回车；

命令行提示："指定圆角半径 <0.0000>："，输入 20 按回车，将新的半径设为 20；

用鼠标点击矩形的相邻两边，为矩形倒角（如图 7-2-2-2）。

图 7-2-2-2 为沙发座垫倒圆角

（5）绘制第二个沙发座垫

在命令行输入："MI"，使用镜像命令，或点击 ，

命令行提示："选择对象："，在绘图区选择刚才的沙发座垫，按回车结束选择；

命令行提示："指定镜像线的第一点："选择直线的中点，接着命令行提示指定第二点，打开"正交"在垂直方向任意指定第二点；

命令行提示："是否删除源对象？[是(Y)/否(N)] <N>："，因为第一个沙发座垫仍需要保留，因此直接按回车，执行默认命令，即保留源对象。

完成镜像命令，如图 7-2-2-3。

图 7-2-2-3　镜像第二个沙发座垫

（6）绘制沙发靠背

在命令行输入："O"，使用偏移命令，或点击 ，

命令行提示："指定偏移距离或 [通过(T)] <通过>："，输入 625，即沙发底座与靠背之间的距离，按回车；

命令行提示："选择要偏移的对象或 <退出>："，点击绘制的第一条直线；

命令行提示："指定点以确定偏移所在一侧："，指定直线上方的一点，便在上方出现第三条直线，然后按回车，结束偏移命令。

（7）绘制沙发扶手

在命令行输入："REC"，使用矩形命令，或点击 ，

命令行提示："指定第一个角点或 [倒角(C)/标高(E)/圆角(F)/厚度(T)/宽度(W)]："，点击底座直线的右端点为第一点；

命令行提示："指定另一个角点或 [尺寸(D)]："，输入："@140,625"后回车，指定扶手的宽和高；

在命令行输入："EXPLODE"，使用分解命令，或点击 ，

命令行提示："选择对象："，在绘图区用鼠标选择刚才绘制的矩形，按回车结束命令。这时矩形整体被分解为四条线段。

在命令行输入："CO"，使用复制命令，或点击 ，

命令行提示："选择对象："，用鼠标点击被分解矩形的左边线段，并按回车；

命令行提示："指定基点或位移，或者 [重复(M)] ："，因为要复制两条直线，所以在命令行输入 M，进行多项复制，按回车；

命令行提示："指定基点："，用鼠标点击欲复制直线的下端点，命令行又提示："指定位移的第二点或 <用第一点作位移>："，将鼠标拉向左边，并输入 50，按回车；

命令行提示："指定位移的第二点或 <用第一点作位移>："，将鼠标移向右边，并输入 290，按回车；

两条线复制完毕，再次按下回车，结束多项复制的命令（如图 7-2-2-4）。

在命令行输入："EX"，使用延伸命令，或点击 ，

命令行提示："选择对象："，用鼠标点击刚才复制的第二条直线，并按回车；

图 7-2-2-4　复制沙发扶手内外两条线

命令行提示："选择要延伸的对象，或按住 Shift 键选择要修剪的对象，或 [投影(P)/边(E)/放弃(U)]："用鼠标点击被分解矩形上边线段靠右的位置，命令即结束，上端线段便延伸至沙发扶手外侧的直线。

在命令行输入："SPL"，使用样条曲线命令，或点击～，

命令行提示："指定第一个点或 [对象(O)]："，用鼠标在座垫稍上的位置点击直线（最好设置对象捕捉中的最近点捕捉），确定扶手曲线的第一点；可根据需要按下 F3 打开或关闭对象捕捉功能；

命令行提示："指定下一点："，可根据扶手曲线的大致样子确定第二点；

命令行提示："指定下一点或 [闭合(C)/拟合公差(F)] <起点切向>："，接着可连续指定多个点来确定此曲线的大致形状；

待确定七八个点之后，连续按下三次回车，结束命令。

这时得到的曲线很可能不是最终想要的，还需要进一步调整：

点击这条曲线，刚才所选的几个点会呈蓝色显示出来，用鼠标点击任意一个蓝点，会使这个蓝点变成热键变成红色，这时可以随意调整这个红点的位置，带动整个样条曲线发生变化。可以调整每一个点，直至曲线成为想要的形状（如图 7-2-2-5）。

图 7-2-2-5　调整样条曲线上的控制点

用同样的方法可以绘制出沙发内侧扶手的曲线，修改后如图 7-2-2-6 所示。

图 7-2-2-6　绘制扶手内侧的曲线

（8）修整沙发扶手

在命令行输入："TR"，使用修剪命令，或点击 ，

命令行提示："选择剪切边..."，用鼠标在绘图区点击选中两条曲线，后按回车键确认；

命令行提示："选择要修剪的对象，或按住 Shift 键选择要延伸的对象，或 [投影(P)/边(E)/放弃(U)]:"，这时可以点击不需要的线，最后的剪切结果如图 7-2-2-7。

图 7-2-2-7　修剪扶手

在命令行输入："A"，使用圆弧命令，或点击 ，

命令行提示："ARC 指定圆弧的起点或 [圆心(C)]:"，按下 F3 打开对象捕捉功能，在座垫的右下方指定圆弧的第一点；

命令行提示："指定圆弧的第二个点或 [圆心(C)/端点(E)]:"，可在沙发扶手内外侧之间指定圆弧的一个经过点；

命令行提示："指定圆弧的端点:"，可在沙发扶手内侧线上指定圆弧的另一个端点。

这样就在沙发外侧扶手的左下方绘制出了一小段圆弧，并可将圆弧的中间点点击为热键，

调整圆弧的形状（如图 7-2-2-8）。

图 7-2-2-8　绘制扶手内侧的圆弧

在命令行输入："TR"，使用修剪命令，或点击，按照之前所介绍的方法，以圆弧为剪切边，修剪沙发扶手的左下侧。

在命令行输入："F"，使用圆角命令，或点击，按照前边所介绍的方法修整圆弧与直线的交界处：

分别以 150，120，20 为半径为三个圆弧与直线的交界处倒角（如图 7-2-2-9）。

图 7-2-2-9　为直线与圆弧交接处倒圆角

（9）绘制沙发脚

在命令行输入："REC"，使用矩形命令，或点击，

命令行提示："指定第一个角点或 [倒角(C)/标高(E)/圆角(F)/厚度(T)/宽度(W)]："，任意在绘图区指定一点；

命令行提示："指定另一个角点或 [尺寸(D)]："，输入："@50,45" 后回车，指定沙发脚的

宽和高；

在命令行输入"M"，使用移动命令，或点击 ✥，

命令行提示："选择对象："，用鼠标选中刚才绘制的矩形，按回车结束选择；

命令行提示："指定基点或位移："，这时选择矩形上边的中点为移动基点；

命令行提示："指定位移的第二点或 <用第一点作位移>："，选中沙发扶手下边的中点为指定点即可（如图7-2-2-10）。

图 7-2-2-10 移动沙发脚到指定位置

在命令行输入："EXPLODE"，使用分解命令，或点击 ，

命令行提示："选择对象："，在绘图区用鼠标选择刚才绘制的矩形沙发脚，按回车结束命令。这时矩形整体被分解为四条线段。

在命令行输入："O"，使用偏移命令，或点击 ，

命令行提示："指定偏移距离或 [通过(T)] <通过>："，输入10，按回车；

命令行提示："选择要偏移的对象或 <退出>："，点击已被分解的矩形的下边线段；

命令行提示："指定点以确定偏移所在一侧："，指定其上方的一点，便在上方10处出现一条表示底脚的线，然后按回车，结束偏移命令。

（10）绘制左侧沙发扶手

在命令行输入："MI"，使用镜像命令，或点击 ，

命令行提示："选择对象："，在绘图区从左向右框选右边已绘制完成的扶手和沙发脚，然后按回车结束选择；

命令行提示："指定镜像线的第一点："选择沙发底座直线的中点，接着命令行提示指定第二点，打开"正交"，在垂直方向任意指定第二点，或选择沙发靠背直线的中点；

命令行提示："是否删除源对象？[是(Y)/否(N)] <N>："，按回车，执行默认保留源对象命令。

在命令行输入："TR"，使用修剪命令，或点击 ，修剪多余的线（如图7-2-2-11）。

图 7-2-2-11　外形图的绘制结果

7.2.3　标注尺寸

(1) 设置标注样式

先将图层切换至刚才设好的"尺寸标注"层。

在"标注工具栏"或"样式工具栏"中点击，桌面会弹出标注样式管理器对话框，点击"修改"按钮，会弹出"修改标注样式"对话框，在"直线"选项组中，修改尺寸线和尺寸界线的参数（如图 7-2-3-1）。在"符号和箭头"选项组中修改箭头的参数，如图 7-2-3-2。

在"文字"选项组中，修改参数（如图 7-2-3-3）。还可根据需要在这一栏中修改文字的样式，此例未修改，为默认标准样式。

图 7-2-3-1　修改标注样式中尺寸线和尺寸界线

图 7-2-3-2　修改箭头样式

在"主单位"对话栏中，将精度值设为 0。

均设置完成后，点击"确定"，然后关闭"标注样式管理器"对话框。

(2) 为外形图进行尺寸标注

在命令行输入："DIL"，使用线性标注命令，或点击，

命令行提示:"指定第一条尺寸界线原点或 <选择对象>:",在绘图区点击左边沙发扶手的左下端点;

命令行提示:"指定第二条尺寸界线原点:", 在绘图区点击左边沙发扶手的右下端点,绘图区会出现标注的尺寸线及数值140,调整好位置,点击鼠标左键即完成标注命令。

在命令行输入:"DIMCONT",使用连续标注命令,或点击 ,

命令行提示:"指定第二条尺寸界线原点或 [放弃(U)/选择(S)] <选择>:",在绘图区点击右边沙发扶手的左下端点;这时沙发底座的长度1660会被标注出来;

命令行提示:"指定第二条尺寸界线原点或 [放弃(U)/选择(S)] <选择>:",连续点击右边沙发腿的左下角、右下角、右边沙发扶手的右下端点。

点击叠在一起的尺寸标注,将尺寸值点为热键,调整尺寸值的位置(如图7-2-3-4)。

图 7-2-3-3　修改标注样式中的文字样式　　　图 7-2-3-4　标注沙发扶手、底座及沙发脚的宽度

在命令行输入:"DIL",再次使用线性标注命令,或点击 ,

命令行提示:"指定第一条尺寸界线原点或 <选择对象>:",在绘图区点击左边沙发腿的左下端点;

命令行提示:"指定第二条尺寸界线原点:", 在绘图区点击左边沙发腿的左上端点,绘图区会出现沙发腿的高度45,将数值点为热键,调整它的位置。

在命令行输入:"DIMCONT",使用连续标注命令,或点击 ,

命令行提示:"指定第二条尺寸界线原点或 [放弃(U)/选择(S)] <选择>:",在绘图区连续点击沙发座垫的下线、上线、靠背的上线,得到沙发腿的高度、底座的高度、座垫的高度及靠背的高度(如图7-2-3-5)。

但是这样得到的尺寸标注会与已绘制的外形图交叉,不符合家具制图规范的要求,因此还需进一步对尺寸线进行调整。

可以先在适当位置绘制一条与尺寸线平行的直线,在"对象捕捉"中设置"捕捉交点",点击左侧的尺寸标注,将尺寸界限的基点点成热键,即由蓝变红,将这一点移至直线与尺寸界限的交点(如图7-2-3-6)。

调整好每一个尺寸界限的基点到适当位置,删除刚才绘制的辅助直线,完成外形图的绘制及尺寸标注(如图7-2-3-7)。

图 7-2-3-5　标注沙发各项的高度

图 7-2-3-6　调整尺寸界限的基点位置

图 7-2-3-7　调整完毕，并删除辅助线

7.3 沙发结构装配图的绘制

7.3.1 沙发结构装配图简述

家具结构装配图能够全面表达家具内外详细结构，在产品设计和制造的过程中一般都需要画装配图，通过装配图来表达材料尺寸、性能和全部结构与装配关系，如各种接合方式、所用材料，有的还包括装配工序所需尺寸和技术要求等。这种图样不仅仅在装配车间指导零、部件装配成家具，而且在许多工厂还指导生产的全过程，如零件的配料、机械加工直至表面饰面等。所以装配图是家具图样中最常用最重要的一种。

下面就以沙发左视图为例（如图 7-3-1-1），来介绍装配图的画法：

在画图之前，可以选择外形图的文件，在此文件的空白处直接绘制，这样的好处是图层不必重新设置，利用原图层或增添新的图层都可以。当然也可以新建文件，另设置新的图层，包括装配图、尺寸标注、文字标注等。

图 7-3-1-1 沙发装配图——左视图

7.3.2 绘制沙发结构装配图

（1）绘制沙发底座

先将图层切换至预先设好的"装配图"一层。

在命令行输入："L"，使用直线命令，或点击 ✎。

命令行提示："指定第一点"，可在绘图区域任意指定一点，同时按下 F8 保证"正交"呈开启状态；

命令行提示："指定下一点或 [放弃(U)]："，输入 920，按回车结束命令；

再次按下回车，结束整个直线绘制的命令。

（2）绘制小木方

在命令行输入："REC"，使用矩形命令，或点击 ▢，

命令行提示："指定第一个角点或 [倒角(C)/标高(E)/圆角(F)/厚度(T)/宽度(W)]："，点击刚才绘制直线的左端点为第一点；

命令行提示："指定另一个角点或 [尺寸(D)]："，输入："@45,30"后回车，指定木方的宽和高；

在命令行输入："L"，使用直线命令，或点击 ╱，

打开捕捉端点，分别连接矩形的对角端点，木方 ⊠ 即绘制完成。

在命令行输入："CO"，使用复制命令，或点击 ⟲，复制刚才绘制的木方；

命令行提示："选择对象："，用鼠标从左向右框选刚才绘制的木方，并按回车；

命令行提示："指定基点或位移，或者 [重复(M)]："，指定木方的右下角端点；

命令行提示："指定位移的第二点或 <用第一点作位移>："，指定直线的右端点。即完成木方复制命令。

（3）绘制底座外框

在命令行输入："L"，使用直线命令，或点击 ╱，

命令行提示："指定第一点"，以直线的右端点为第一点（保证正交开启）；

命令行提示："指定下一点或 [放弃(U)]："，鼠标向上拉，输入 225，按回车结束命令；

命令行提示："指定下一点或 [放弃(U)]："，鼠标向左拉，输入 660，按回车结束命令；

再次按下回车结束直线绘制的命令。

在命令行输入："CO"，使用复制命令，或点击 ⟲，复制木方；

命令行提示："选择对象："， 用鼠标从左向右框选左端的木方，并按回车；

命令行提示："指定基点或位移，或者 [重复(M)]："，任意指定一点；

命令行提示："指定位移的第二点或 <用第一点作位移>："，保证正交呈开启状态，鼠标向上移，输入 565，按回车结束命令。

在命令行输入："L"，使用直线命令，或点击 ╱，

连接垂直方向木方左边最近的两个端点。

在命令行输入："RO"，使用旋转命令，或点击 ↻，

命令行提示："选择对象："，点击刚才绘制的长 660 的线，按回车；

命令行提示："指定基点："，选择这条线的右端点；

命令行提示："指定旋转角度或 [参照(R)]："，输入 3，即此直线以右端点为基点，逆时针旋转 3°。

在命令行输入："L"，使用直线命令，或点击 ╱，

连接已旋转直线的左端点与上方木方的右上端点（如图 7-3-2-1）。

在命令行输入："EXPLODE"，使用分解命令，或点击 ✂，

命令行提示："选择对象："，在绘图区用鼠标选择左上方的矩形，按回车结束命令。这时矩形整体被分解为四条线段。

在命令行输入："O"，使用偏移命令，或点击 ⟲，

命令行提示："指定偏移距离或 [通过(T)] <通过>："，输入 20，按回车；

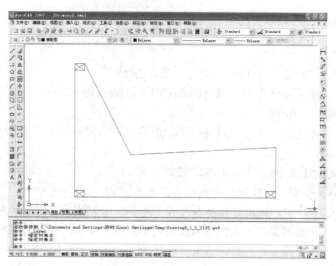

图 7-3-2-1　沙发底座框

命令行提示:"选择要偏移的对象或 <退出>:",选择被分解矩形的上方线段;
命令行提示:"指定点以确定偏移所在一侧:",指定上方一点,然后按回车,结束偏移命令。
在命令行输入:"O",或点击 ,连续使用偏移命令;
分别输入相应的偏移数值,偏移线到相应的位置(如图 7-3-2-2)。

图 7-3-2-2　偏移直线到相应位置

在命令行输入:"F",使用圆角命令,或点击 ,
将其半径分别设为 0 和 15,用鼠标分别点击需要倒圆角的相邻两边(如图 7-3-2-3)。

(4)将小木方做成块

在命令行输入:"B",使用创建块命令,或点击 ,

这时会弹出一个对话框,在名称栏内输入"木方"作为块的名字,点击"对象"栏内,"选择对象"按钮,在绘图区选择任意一个小木方,包括矩形和交叉线,按回车,已定义的小木方变为虚线显示,这时又返回"块定义"对话框(如图 7-3-2-4),点击确定按钮。

图 7-3-2-3　倒圆角连接直线

这时在绘图区点击这个块的任意一点都会选中这个木方，便于进行复制、移动等编辑命令。

（5）复制块到相应位置

在命令行输入："CO"，使用复制命令，或点击 ，

命令行提示："选择对象："，用鼠标点击刚才制作的块，并按回车；

命令行提示："指定基点或位移，或者 [重复(M)]："，输入 M 进行多项复制；

命令行提示："指定位移的第二点或 <用第一点作位移>："，指定木方的左上点。

图 7-3-2-4　块定义对话框

打开对象捕捉功能，分别捕捉适当的点复制木方到相应的位置。略微调整木方的位置（如图 7-3-2-5）。

图 7-3-2-5　复制块到相应位置

（6）制作小型木方并移动到相应位置

用矩形命令绘制一个宽高均为 30 的矩形，连接两个对角点，做成一个木方。

利用创建块命令，将此小木方做成名为"小木方"的块。

打开对象捕捉中的最近点捕捉，使用移动命令，将小木方块的右上角移动到沙发靠背线上。

在命令行输入："RO"，使用旋转命令；

命令行提示："选择对象："，点击小木方，按回车；

命令行提示："指定基点："，以小木方的右上角为基点；

命令行提示："指定旋转角度或 [参照(R)]："，用最近点在靠背线上捕捉一点，即将此小木方旋转到与斜线平行的角度（如图 7-3-2-6）。

图 7-3-2-6　旋转小木方到指定位置

使用直线命令，连接座板下两个木方的角点。

（7）绘制沙发座垫

用矩形命令绘制一个宽 670，高 170 的矩形；

用分解命令，炸开这个矩形成为四条线段；

用偏移命令，将偏移值设为 25，向内偏移上边和右边的线段；

用倒圆角命令，将半径设为 0，为被偏移的线段右上角倒角；

用直线命令，以内侧右线中点为第一点，绘制内部矩形的一条中线（如图 7-3-2-7）。

用倒圆角命令，将半径设为 45，为沙发座垫外侧右上角倒角；

用倒圆角命令，将半径设为 25，为沙发座垫外侧其余三个角及内侧右上角倒角；

在命令行输入"BH"，使用填充命令，或点击 ，

绘图区会弹出"边界图案填充对话框"，如图 7-3-2-8，点击"图案"选项后的小方块，会弹出另一个对话框——填充图案选项板，在"其他预定义"对话栏中，选择 NET 填充图案后，点击确定,如图 7-3-2-9。

选择好图案后，在"边界图案填充"一栏中将角度设为 45°，比例设为 4，再用鼠标点击右上方的拾取点一栏，用鼠标在绘图区需要填充的地方任意指定一点，按回车，再点击确定（如图 7-3-2-10）。

第 7 章　软体家具设计图的绘制

图 7-3-2-7　绘制沙发座垫

图 7-3-2-8　边界图案填充对话框

图 7-3-2-9　填充图案选项板

图 7-3-2-10　填充图案

用创建块命令,将已倒角、填充过的沙发座垫制成块,便于操作以后对其整体的编辑命令;

使用旋转命令,让沙发座垫逆时针旋转 3°;

使用移动命令,将沙发座垫移动到相应的位置,如图 7-3-2-11。

图 7-3-2-11　移动沙发座垫到相应位置

(8) 绘制沙发靠垫

用矩形命令绘制一个宽 175,高 500 的矩形;

用样条曲线命令,在矩形的中间绘制一条靠垫的中缝线,修改曲线上的点,直至整条曲线成为想要的样子;

仍用样条曲线命令,以矩形的边框为界,绘制沙发靠垫的外形曲线,(注意:确定曲线的点不宜太多,以八九个为宜) 调整曲线,满意后删除原矩形。

以同样的方法,在第一个靠垫的后面绘制另一个靠垫;

完成后,使用修剪命令,以第一个靠垫的外轮廓为界,修剪第二个靠垫的中缝与外轮廓,如图 7-3-2-12。

图 7-3-2-12　绘制两个靠垫

第 7 章 软体家具设计图的绘制　　175

使用创建块命令，将两个刚才绘制的靠垫成为一个块，便于今后的操作；
使用移动和旋转命令，将靠垫调整到相应的位置，如图 7-3-2-13。

图 7-3-2-13　将靠垫移至相应位置

（9）绘制沙发内侧扶手

在命令行输入"F"，使用倒圆角命令，或点击 ，
将其半径设为 0，为沙发外框的两个边倒角；
在命令行输入"TR"，使用修剪命令，或点击 ，
以沙发靠垫的外边界为修剪边界，修剪扶手上方的线，如图 7-3-2-14。

图 7-3-2-14　绘制扶手并修剪

在命令行输入"O"，或点击 ，使用偏移命令；
分别输入 14、6、12，偏移最右侧的线到相应的位置；
分别输入 67、30、20、20 偏移扶手上端的线到相应位置；
在命令行输入"SPL"，或点击 ，使用样条曲线命令；

在座垫与扶手上线之间绘制一条曲线；

在命令行输入"TR"，或点击 ，使用修剪命令；

以刚才绘制的样条曲线和右线偏移内侧的线为修剪边界，修剪扶手上线偏移出的线；

以座垫的外边缘为修剪边界，修剪扶手右线偏移出的线，如图 7-3-2-15；

图 7-3-2-15　修剪偏移出的线

在命令行输入"O"，或点击 ，再次使用偏移命令；

输入 30，偏移扶手上端的线到相应位置；

在命令行输入"TR"，或点击 ，使用修剪命令；

以相应的线为修剪边界，修剪出扶手内侧板的形状，如图 7-3-2-16；

图 7-3-2-16　修剪扶手内侧板

在命令行输入"O"，或点击 ，再次使用偏移命令；

输入 50 偏移扶手上端的线到下面相应位置；

第 7 章 软体家具设计图的绘制

在命令行输入"F",或点击 ,使用圆角命令;
将其半径设为 15,为扶手倒角,如图 7-3-2-17;

图 7-3-2-17 为扶手倒角 R=15

在命令行输入"TR",或点击 ,使用修剪命令;
以相应的线为修剪边界,修剪多余的线。
至此装配图初步绘制完毕,如图 7-3-2-18。

图 7-3-2-18 装配图初步完成

7.3.3 标注尺寸与材料

在命令行输入"DIL",使用线性标注命令,或点击 ,
为沙发的进深、高度和座高标注尺寸(具体标注样式的设置可参考上一节),如图 7-3-3-1。
将图层换至"文字标注"层;

图 7-3-3-1　标注尺寸

在命令行输入"L",使用直线命令,或点击 ,
从需要标注的材料引出直线直至装配图外,再绘制一条水平短线;
用阵列命令和剪切命令绘制标注文字所需的辅助线(具体方法可参照前章);
使用文字标注命令,在如图的位置标注沙发装配图中每一种材料的名称;
最后完成整个沙发装配图的绘制(如图 7-3-3-2)。

图 7-3-3-2　装配图的完成

第8章 古典实木家具的绘制

明式家具是我国古典家具的代表，其材质、造型、结构、雕刻、装饰都凝聚着中华民族一脉传承的审美情趣，因此本章节将介绍明式家具中十分具有特色的玫瑰椅的画法。

对于这样的古典家具，其造型基本固定，对照现有的图片和尺寸就能绘制出它的三视图。有条件的可能会有机会依据实物绘制测绘图。本章节主要讲述如何根据现有图片画出其三视图，知识重点在于 AutoCAD 中如何描图，曲线该如何把握。

先来看一张明黄花梨玫瑰椅的样图，顺便了解明式座椅各部位名称的专业叫法。

图 8-1 玫瑰椅图片

假设目前我们没有实物，只有这件明黄花梨券口靠背玫瑰椅的图片，还知道它的总体尺寸和功能尺寸如下：通高 845mm，座高 502mm，座面宽 575mm，座深 435mm，要画出它的三视图进而画出其结构装配图，那么我们可以像测绘图那样，在照片上边量尺寸边画图，但是比较复杂，不仅受透视角度的影响，人为的误差也比较大。其实，我们可以利用 AutoCAD 提供的描图方法，把彩色图片作为底稿，在上面描拓出线条，完成整件家具的绘制。

具体的绘图步骤如下：

8.1 设置绘图环境

运行 AutoCAD，新建文件，文件类型选择为*.dwg，"打开"旁的下拉列表中选择"无样板打开——公制"，如图 8-1-1 所示。

把新建的空白图形文件另存为"明黄花梨券口靠背玫瑰椅"，格式默认为.dwg 格式。

单击"格式"菜单中的"单位",在拖放比例的下拉菜单中设置缩放拖放内容的单位为"毫米"。
点击图层特性管理器图标,弹出图层特性管理器,用户可以参考下图 8-1-2 新建以下图层,并添加线型,设置线宽,熟练后也可以根据个人喜好建立图层。

图 8-1-1　新建文件

图 8-1-2　设置图层

然后根据玫瑰椅的尺寸画出辅助线,如图 8-1-3 所示。
画出尺寸辅助线的目的是为了下一步描图时,有准确的依据。

图 8-1-3　绘制辅助线

8.2　插入光栅图像

首先将图层切换到刚才设置好的"插入对象"这一图层上,再点击菜单栏"插入",选择"光栅图像",在弹出的"选择图像文件"对话框中选择已扫描到计算机中的"券口玫瑰椅"文件,在预览中就可以看到图像的样子。如图 8-2-1 所示。

图 8-2-1　插入图像

点击打开，弹出"图像"对话框，如图 8-2-2 所示。

图 8-2-2　"图像"对话框

在图像对话框中，点击"详细信息"会弹出图像的详细信息。图像的缩放比例和旋转角度一般可以在对话框中就指定，插入点可以选择在屏幕上指定。

确定后，回到绘图环境下，一个当前图层颜色的矩形框跟随鼠标移动，

在命令行提示：

指定插入点<0,0>：（用户任意在空白区域点击鼠标左键，完成图像的插入）

如图 8-2-3 所示。

图 8-2-3　插入图像

插入图片的时候，由于单位设置或者图片大小的问题可能会出现图片过大看不到所画的线条，或者图片过小看不到图片的现象，这时不要着急，可以使用缩放工具缩放图片，以达到合适的大小，如果不能马上缩放到希望的大小，可以分多次缩放。最简单的缩放方法是选中图片后，通过调节图片边框的夹点的位置来调节图片的大小。

插入后，还可以对插入的图像再进行编辑。这里顺便介绍"参照工具栏"中各个工具的使用，右键单击工具栏空白区域，在弹出的快捷菜单中选择"ACAD/参照"，调出参照工具栏，如图 8-2-4 所示。

图 8-2-4　"参照工具栏"

通过使用外部参照，用户可以将其他文件里的整个图形作为参照，附着到当前图形中。用于附着的外部参照文件中图形只是链接过来，并不真正插入到当前的图形文件中。因此，使用外部参照可以生成图形，但不会显著增加图形文件的大小。

用户可以使用参照功能，通过在图形中参照其他用户的图形协调用户之间的工作，从而与其他用户所做的修改保持同步。用户也可以使用组成图形装配一个主图形，主图形将随工程的开发而被修改。

每次打开图形时，AutoCAD 将自动重载每个外部参照，从而确保参照图形文件处于最新状态。

其实为了描图而插入的图片，也算是一种参照，其基本原理是一致的。

总结一下，用户可以使用以下方法插入图像：

鼠标单击"插入"菜单中的"光栅图像"；

或单击"参照"工具栏：附着图像图标；

或在命令行输入：imageattach。

执行命令后，弹出选择图像文件对话框，如上面"选择图像文件"对话框所示。用户可以选择需要插入的图像并预览。

用户还可以打开"外部参照"选项板，以进行更多的编辑。用户需要通过以下方法打开"外部参照"选项板：

鼠标单击"插入"菜单中的"外部参照"；

或单击"参照"工具栏："外部参照"图标；

或在命令行输入：image。

执行命令后弹出"外部参照"选项板，如图 8-2-5 所示。

点"列表图"图标，将列出附加到图形中的图像的状态、大小、类别、日期、保存路径等信息。

点"树状图"图标，将显示所有图像定义和外部参照中的图像嵌套层次。树状图的顶层显示用户直接附加到图形中的图像、嵌套在块参照中的图像以及包含图像的外部参照图形的名称。在树状图下一层，附着到外部参照图形中的图像名称显示为嵌套在图形中的状态。

图 8-2-5 "外部参照"选项板　　　　图 8-2-6　　　　　　　图 8-2-7

点"附着"按钮，用户可以再次插入其他图像如图 8-2-6。

将鼠标放在图像文件名上单击右键，打开子菜单，如图 8-2-7。

点"拆离"将从图形数据库中删除选定的图像，并且从图形中删除所有关联的图像对象，屏幕上也不再显示。

点"重载"将加载最新版本的图像，或者重载以前被卸载的图像。如果作为参照的图像有变动（路径没变）重载将确保显示的是最新的图像。

点"卸载"将从正在工作的内存中卸载图像的数据，但并不将图像从当前图形中删除。用户可以把不再需要编辑的图像卸载，这样可以提高计算机性能。被卸载的图像不再显示只留下原来的图像边界。

"详细信息"中列出了图像的各个具体信息。

选中图像后，一般通过夹点调节图像的大小，当使用 zoom 命令或者使用鼠标滚轮缩放视图时，插入的图像也随之被缩放，这样用户可以在描图时看清楚细节。

有时需要的是图片中的部分图像，这样过多的显示无用的区域就会浪费系统资源，这时用户可以使用图像剪裁工具，只显示需要的那部分图像。

鼠标单击"修改"菜单中的"剪裁/图像"；

或单击"参照"工具栏：图像剪裁图标　；

或在命令行输入：imageclip。

执行命令后命令行提示：

选择要剪裁的图像：（鼠标变为一选择框，选择图像）

输入图像剪裁选项 [开(ON)/关(OFF)/删除(D)/新建边界(N)] <新建边界>：（输入 n）输入剪裁类型 [多边形(P)/矩形(R)] <矩形>：（输入 r，指定新的矩形边界）

如果插入的图像比较灰暗，在 AutoCAD 中还可以调节图像的亮度和对比度。

鼠标单击"修改"菜单中的"对象/图像/调整"；

或单击"参照"工具栏：图像调整图标；

或在命令行输入：imageadjust。

执行命令后，命令行提示选择图像，选择图像后，弹出图像调整对话框，如图 8-2-8 所示。

在这里用户可以提高亮度、加强对比度，使图像更清晰。

当完成图像的调整后，为了防止在后面的操作中受图像边界的干扰可以关掉图像边界的显示，这样图像将只作为底图，无法选中也不能修改和删除，只能通过"图像管理器"编辑。

当然也可以通过"对象特征管理器"实现上面编辑图像特征的操作，用户也可以使用专门的图像处理软件如 PhotoShop 等处理好图像后再插入到绘图环境下。

图 8-2-8 "图像调整"

8.3 绘制轮廓线

首先完成玫瑰椅除曲线装饰线条外的轮廓线的绘制。由于图片具有一定的透视角度无法直接从图片上量出准确的尺寸，只能根据透视的基本原理再加上一定的经验估算尺寸。比较方便的做法是以椅子可以完全看见的左后腿为基准，依据近大远小的基本规律完成绘图，做到各部件之间的尺寸关系基本正确。

先完成主视图，由于主视图是中心对称的，因此可以只画对称轴的一边，再使用"镜像"工具得到另一边。（如图 8-3-1）。

图 8-3-1 绘制轮廓线

8.4 绘制装饰曲线

在画曲线之前先介绍 AutoCAD 提供的曲线工具，有：圆、椭圆、圆弧、椭圆弧、样条曲线，另外还有徒手画线。圆和椭圆是基本的几何图形，比较简单，需要提醒用户的是使用工具栏提供的圆和椭圆工具不如使用"绘图"菜单中绘制圆和椭圆的选项多。例如：要想通过三个切点确定一个圆就需要使用"绘图"菜单下的画"圆"命令，如果通过点击工具栏的图标来画圆，就不能实现。

而徒手画线严格地说并不是画曲线，是通过指定最小增量后，由一段一段短小的线段拼接得到的图样，其中的每条小线段都可以是独立的对象或多段线。用户可以在命令行输入：sketch 命令来绘制徒手线。徒手画的时候，定点设备就像画笔一样。单击定点设备将把"画笔"放到屏幕上，这时移动鼠标就可以进行绘图，再次单击将提起画笔并停止绘图。线段的最小长度或增量可以根据需要来设置。使用较小的线段可以提高精度，但会明显增加图形文件的大小，而且徒手画线的编辑非常琐碎，因此，建议尽量少使用此工具。具体操作方法，读者可以参看 AutoCAD 的帮助文档，这里不详细讲解。

下面主要介绍"样条曲线"，其正式的名称是"非一致有理 B 样条(NURBS)曲线"。NURBS 曲线通过指定控制点和公差进而在控制点之间产生一条光滑的曲线。公差表示样条曲线拟合所指定的拟合点集时的拟合精度。公差越小，样条曲线与拟合点越接近。公差为 0，样条曲线将通过指定点。在绘制样条曲线时，可以改变样条曲线拟合公差以查看效果。

用户可以通过以下方法调用样条曲线命令：

鼠标单击"绘图"菜单中的"样条曲线"；

或单击"绘图"工具栏：样条曲线图标 ~；

或在命令行输入：spline。

执行命令后，命令行提示：

指定第一个点或 [对象(O)]：（任意指定第一点）

指定下一点：（按需要指定下一点）

指定下一点或 [闭合(C)/拟合公差(F)] <起点切向>：（根据需要控制拟合公差，继续画下一点还是选择闭合，按回车或空格后，结束指定点）

指定起点切向：

指定端点切向：（通过鼠标调整指定切向后，回车结束命令）

这里设置拟合公差为零，让样条曲线就通过鼠标指定的点。通过鼠标中键滚轮放大视图，在插入的图像上使用"样条曲线"工具描出装饰的曲线线条。务必注意指定点时不能打开"正交"状态。图样如图 8-4-1：

可以先将大体轮廓勾出，再选中样条曲线，通过调节夹点进一步修改，直到满意为止。此外，AutoCAD 还提供了便利的编辑工具，用户可以使用下面方法来编辑：

鼠标单击"修改"菜单中的"对象/样条曲线"；

或单击"修改 II"工具栏：样条曲线图标 ~；

或在命令行输入：splinedit。

图 8-4-1 描绘曲线

使用样条曲线编辑工具，用户还可以通过添加权值控制点并提高样条曲线的阶数来细化样条曲线或者修改样条曲线的方向。

画券口牙子部位的曲线，同样是只画半边，在图上描完后，再移动到主视图中进一步调节，完成后图样如图 8-4-2：

使用镜像工具得到整个主视图，如图 8-4-3：

本章节的主要目的是讲解利用现有的图片，在 AutoCAD 中如何描图以及曲线的画法。掌握了这样的操作方法，再完成椅子整套的三视图应该就不困难了，所用的命令在前边的章节都已经讲解过了，这里就不再赘述。大家可以自己完成整张三视图的绘制，并进而完成结构装配图的绘制。

图 8-4-2　绘制牙子曲线

图 8-4-3　利用"镜像"完成牙子的曲线

第 9 章 家具三维建模及渲染

9.1 AutoCAD2007 三维绘图基础

9.1.1 进入三维建模工作空间

AutoCAD2007 与 AutoCAD2006 相比，最大的变化就是增加了三维建模的工作空间。在用户第一次运行 AutoCAD2007 时，会有界面提示选择进入"三维建模"工作空间，还是"AutoCAD 经典"工作空间。如图 9-1-1-1。

图 9-1-1-1　工作空间

选择"三维建模"，会弹出"新功能专题研习"的界面。如图 9-1-1-2。

图 9-1-1-2　"新功能专题研习"界面

如果需要，选择"是"，即进入新功能专题研习的帮助文档中，用户也可以进入 AutoCAD2007 工作界面后，在菜单栏选择"帮助/新功能专题研习"，以浏览这个帮助文档；如果选择"不，不再显示此信息"则以后每次启动 AutoCAD207 时，不再出现此界面；选择"以后再说"则直接进入 AutoCAD2007 的三维建模空间。第一次运行 AutoCAD2007 的三维建模工作空间时，默认的工作界面如图 9-1-1-3。

图 9-1-1-3　三维建模空间默认界面

如果在 AutoCAD2007 启动时，想进入"三维建模"工作空间却不慎选择了"AutoCAD 经典"，那么在"AutoCAD 经典"工作空间下的工作空间工具栏的下拉列表中选择"三维建模"就可以进入到"三维建模"的工作空间，如图 9-1-1-4。

图 9-1-1-4　"工作空间"工具栏和下拉列表

这时候进入的"三维建模"工作空间与一开始启动 AutoCAD2007 即选择"三维建模"进入

的环境稍有不同。从 AutoCAD 经典跳到三维建模后，界面如图 9-1-1-5。

图 9-1-1-5　经典空间跳入三维建模

两者的不同主要体现在绘图区域背景、坐标系图标和光标样式等几个方面。用户可以通过调整平行投影为透视投影，设置视点位置，控制系统显示选项，调整视觉样式（在视觉样式控制台下拉列表中选择非二维线框的视觉样式）等方法来得到和从"三维建模"进入系统时同样的显示效果，也可以关闭 AutoCAD2007，重新运行选择"三维建模"工作空间进入。不论显示效果是否一致，都不影响最终的三维建模功能。

如果用户在选择工作空间的界面中不慎选择了"不再显示此信息"，则以后将直接进入系统默认的工作空间，一般是 AutoCAD 经典工作空间，这时如果想 AutoCAD2007 启动时选择工作空间的对话框再次出现，需要在菜单栏"工具/选项/配置"标签中点击"重置"然后重新启动 AutoCAD2007。但是，这样操作后，用户自行定义的操作界面等设置也将同时被重置为系统的初始状态，所以，如果不希望丢失这些信息，可以设置系统参数 FileDia 的值为 1，以恢复对话框的显示，具体操作请参照帮助文档（快捷键 F1）。

9.1.2　三维建模工作空间的基本界面

启动 AutoCAD2007，选择"三维建模工作空间"进入，与 AutoCAD 经典工作空间相比，三维建模工作空间为方便三维建模，在默认工作界面的设置上隐去了不常用的二维部分，只显示了常用的三维部分。分为菜单栏、工具栏、绘图区域、命令行、状态栏、面板、工具选项板等几大板块，如图 9-1-2-1。其中"面板"（DashBoard）和"工具选项板"是 AutoCAD2007 新增加的功能，尤其"面板"是 AutoCAD2007 最引以为豪的新设计。

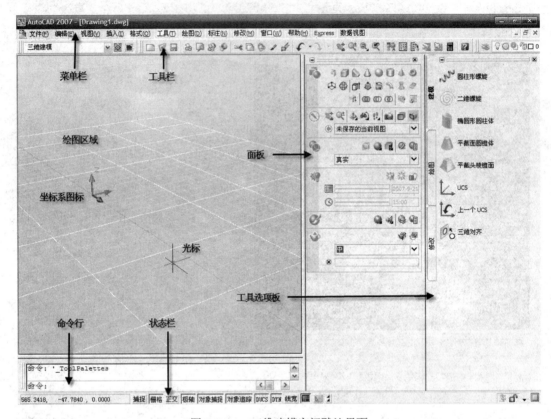

图 9-1-2-1　三维建模空间默认界面

AutoCAD2007 的操作方式从命令行输入命令，逐渐向动态输入命令和使用工具面板的方式转化，其中"面板"（DashBoard）的出现，体现了 AutoCAD2007 的三维建模操作流程。"面板"默认分为三维制作控制台、三维导航控制台、视觉样式控制台、光源控制台、材质控制台和渲染控制台。将光标移到各个控制台左上角的图标处，就会出现该控制台名称的提示，并且显示出向下的双箭头，点击控制台图标或点击向下的双箭头，会滑出相应控制台隐藏了的命令图标，如图9-1-2-2中亮显的材质控制台所示。

点击某控制台图标，右侧的工具选项板也会随之变动成相应控制台下的工具选项板，根据控制台的复杂程度，工具选项板还会分为多个标签。如图 9-1-2-3 所示，"三维制作控制台"的工具选项板又分为建模、绘图、修改三个标签。用户可以方便地在其中找到所需要的工具和命令。

当光标停留在面板或者工具选项板的任一工具图标上时，都会有命令名称的提示。用户可以自行尝试各个工具的使用方法。本书将在实例部分中，对常用命令的使用具体讲解。

图 9-1-2-2　"面板"中的各控制台

第 9 章 家具三维建模及渲染

图 9-1-2-3 三维制作控制台

9.2 三维家具绘制实例

一般情况下，家具的三维模型主要有三种用途。模型用途不同，创建方法也有差别。第一种情况，已经完成了二维图纸，需要根据图纸制作三维模型，甚至需要进一步编辑材质完成渲染，形成图片，来向客户展示虚拟现实的效果，或者用于设计师之间探讨方案，表达设计进行交流；第二种情况，需要根据已有的真实的家具图片，制作家具三维模型进而生成二维的各个视图，再拆画成零件图以指导生产；第三种情况，设计师完全从三维入手开始创建模型以形成设计方案，根据后期需要来决定是制作相片级效果图用于交流演示还是生成二维线图拆画零件图以指导生产。本书将根据这三种不同的模型用途，分别讲解模型的创建方法。

9.2.1 板式柜子的绘制

假设目前已经在 AutoCAD 经典工作空间中完成了平面的板式家具三视图的绘制，需要在此基础上创建三维模型并完成材质编辑和渲染，作出效果图。基本流程如下：

（1）根据个人习惯设定绘图环境

运行 AutoCAD2007，选择进入"三维建模"工作空间。根据个人爱好和习惯设置工具栏、面板和工具选项板的位置，完成绘图环境的设定，尽量使绘图区域大一些，以方便观察和操作。图形单位默认为毫米，精度可以在菜单栏格式－单位中根据需要自行设定。绘图环境如图 9-2-1-1 所示。

图 9-2-1-1　绘图环境

（2）打开并整理平面图

点击菜单栏"文件/打开"，或者直接点击工具栏"打开"图标，在弹出的选择文件对话框中找到之前绘制好的文件，如图 9-2-1-2 所示。

第 9 章　家具三维建模及渲染　　193

图 9-2-1-2　"选择文件"对话框

打开文件后，如图 9-2-1-3。

图 9-2-1-3　布局空间

由于在之前章节的操作中设置了布局以便于打印，因此需要点击状态栏模型图标以回到模型环境下，如图 9-2-1-4。

图 9-2-1-4　状态栏

系统默认的平面绘图环境就是 AutoCAD 经典工作空间的设置，图形背景是黑色的，如图 9-2-1-5。

图 9-2-1-5　黑色的图形背景

删掉不需要的图框和标题栏以及文字内容，保留图线和尺寸标注部分。点击"三维导航控制台"的"透视投影"图标，切换到具有立体感的透视投影模式，如图 9-2-1-6。

图 9-2-1-6　"三维导航控制台"

由于图线颜色与灰色的背景区分不明显，到图层管理器中把图线改为其他颜色，或者在对象特性选项板（快捷键 Ctrl＋1）中加以更改，以便于识别。注意透视投影和之前的平面图相比，在坐标系和光标的样子上都发生了变化，如图 9-2-1-7。

图 9-2-1-7　更改图线颜色

（3）变换观察角度

在"视觉导航控制台"的下拉列表中选择"西南等轴测"视图，也可以根据个人习惯选择其他角度的视图，如图 9-2-1-8。

图 9-2-1-8　选择视图方向

或者使用"受约束的动态观察"和"回旋"工具，调整到合适的观察角度，如图 9-2-1-9。

图 9-2-1-9　"视觉导航控制台"

如果使用三键鼠标，即带滚轮的鼠标，可以通过滚轮方便地调整观察的角度。按下鼠标滚轮，光标变为手掌状，可以平移视图，与视觉导航控制台中的平移工具功能相同；上下滚动鼠标滚轮，可以实现视图的缩放，与视觉导航控制台中的缩放工具功能一致；按下键盘的 Shift 键，同时按下鼠标滚轮，光标变成，可以动态旋转视图。

在西南等轴测的视觉样式下观察平面图，如图 9-2-1-10。

图 9-2-1-10　"西南等轴测"

（4）模型分析

现实中的板式家具一般由木质板材和五金件制成。在建模过程中，各个板件完全可以使用长方体（Box）来表示，五金件比较小又隐藏在内，只要不表现过于精密的细节和内部结构，一般不用理会。在表现整件家具的立体外观时，只要不是相片级的透视效果图，毫米级别的倒角、倒圆角和缝隙常常看不出来，所以模型也不需要过于复杂的编辑。

在 AutoCAD2007 中，可以创建出长方体的方法有很多：直接创建长方体（Box）、拉伸矩形（Extrude）、按住并拖动有限的区域（PressPull）都可以实现同样的效果。

在西南等轴测下观察三视图，基于俯视图建成的模型是人们习惯的立着的柜子；如果基于主视图建模，完成后的模型将是躺着的，需要再旋转为站立的柜子；基于左视图也能完成模型的创建，但是比较不方便。也可以事先使用三维旋转把平面的三视图立起来，然后基于主视图建模，但是在使用按住并拖动（PressPull）功能时有可能需要更改坐标系 UCS，而按住并拖动功能又只对有限的域有效，常常由于模型重叠而无法找到需要拉高的面造成不便，因此需要灵活地采用多种方法，以下将分别进行讲解。

（5）补全平面图细节

根据家具生产的实际情况，设想板式家具的旁板是由边框和心板拼合的，因此事先在"视觉导航控制台"中选择"俯视图"，在俯视图和左视图上补全旁板的细节，如图 9-2-1-11 中红线所示。

图 9-2-1-11　补全旁板细节

（6）拼合视图

将主视图、俯视图、左视图按照空间位置拼合之后作建模参考的方法只是为了练习三维移动和三维旋转命令，实际建模的操作中只要知道尺寸，不拼合三个视图也同样可以完成模型，甚至更快捷。掌握使用三维旋转和三维移动拼合视图后，在利用实体三个方向的照片进行建模时将大有帮助。

在西南等轴测的视角下，选中主视图和左视图的所有图线包括尺寸标注（从左上向右下框选是所有包括在内的均被选中，从右下向左上框选是所有碰到的都被选中，选择时按住键盘的 Shift 键可以向选择集中添加或减少选择对象）。

图 9-2-1-12 选择"三维旋转"

点击"三维制作控制台"的"三维旋转"图标，如图 9-2-1-12。弹出"选择实体上的子对象"的提示对话框，告诉用户如果需要对物体的子物体如点、线、面进行操作，需要按住 Ctrl 键。直接关闭或者直接选择"不再显示此信息"后关闭对话框，如图 9-2-1-13。

图 9-2-1-13 "选择实体上的子对象"对话框

光标变为红绿蓝（RGB）三色的旋转球状，对应坐标系的 XYZ 轴，选择左边旁板的左下角点作为旋转的端点，如图 9-2-1-14。

图 9-2-1-14 选择旋转端点

选择端点后,动态提示"拾取旋转轴",移动鼠标到红色的 X 轴上,X 轴变为金色,同时红色的 X 轴延长显示,如图 9-2-1-15。

图 9-2-1-15　拾取旋转轴

点击变为金色的绕 X 轴旋转的标志,系统动态提示"指定角的起点",选择左旁板的左上角点,指定旋转角度的起始边,如图 9-2-1-16。系统又动态提示"选择角的端点",以指定旋转角度的终止边,如图 9-2-1-17。

图 9-2-1-16　指定角的起点

第 9 章　家具三维建模及渲染

图 9-2-1-17　指定角的端点

直接输入需要旋转的角度 90°，或者在开启正交的状态下，用鼠标点击，得到旋转后的效果如图 9-2-1-18 所示。

图 9-2-1-18　旋转后的效果

按照上面的方法，把左视图向内旋转 90°（在动态提示"制定角的端点"时，输入角度 270°，或者打开正交指定端点），得到效果如图 9-2-1-19。

图 9-2-1-19　旋转左视图

点击"三维制作控制台"的"三维移动"工具，如图 9-2-1-20。系统提示"选择对象"，选择需要移动的主视图（包括所有图线和标注的尺寸）后，按右键或者空格或者回车，确认选择对象结束，动态提示"指定基点"，选中主视图左旁板左下角点，如图 9-2-1-21。

图 9-2-1-20　选择"三维移动"

图 9-2-1-21 指定移动基点

动态提示"指定第二个点",选择俯视图上左旁板的左上角点。选点时,可以结合鼠标滚轮的上下滚动和按下功能,实现透明的动态缩放和平移,以实现准确的选点,如图 9-2-1-22。

图 9-2-1-22 指定移动的第二个点

同样完成左视图的移动，最后效果如图 9-2-1-23。

图 9-2-1-23　移动完成

如果觉得尺寸标注影响视图，可以在图层设置中将尺寸标注的图层关闭。

（7）创建模型

新建图层用来创建三维的实体模型，设置好图层颜色，和绘图区域的背景区分开。点击"三维制作控制台"的"长方体"工具，创建旁板的边框，如图 9-2-1-24。

图 9-2-1-24　选择"长方体"

使用"长方体"工具创建长方体，既可以用鼠标捕捉点，也可以从键盘输入点的坐标。而拼合三视图的目的在于不用全部记住或者测量尺寸就可以通过鼠标准确地捕捉到需要的点。

依次捕捉旁板边框的三个点后，完成创建。此时出现了事先指定好颜色的长方体线框。在"视觉样式控制台"的下拉列表中系统提供了二维线框、三维隐藏、三维线框、概念、真实共五种显示模式。用户可以根据需要自行切换，如图 9-2-1-25。

图 9-2-1-25 "视觉样式控制台"的下拉列表

为了更方便地看出效果,通过"三维制作控制台"的工具选项板的"修改"标签下的复制工具完成其他三个边框的创建,也可以直接动态输入 copy 启动复制命令。二维线框视觉样式即 AutoCAD 经典工作空间的样子,在图 9-2-1-26 上可以直观地看出其他四种视觉样式的区别。

图 9-2-1-26 四种视觉样式

可以继续使用"长方体"命令创建旁板的心板,也可以使用 AutoCAD2007 新增加的"按住并拖动"(PressPull)功能来创建旁板的心板。点击"三维制作控制台"的"按住并拖动"工具,如图 9-2-1-27 所示。

图 9-2-1-27 选择"按住并拖动"

或者使用快捷键，同时按住键盘的 Ctrl 和 Alt 键，光标变为绿色的拾取框，移动到可以按住并拖动的图形上，该图形就会显示为虚线框，在上面单击鼠标左键就可以松开 Ctrl 和 Alt 键了，这时挪动鼠标，如果是在"三维线框"视觉样式下，就会出现随光标移动的三维线框，指定端点或者输入高度（本实例中高度为 2110mm），模型就创建完成了。

"按住并拖动"功能不仅适用于矩形，对于在已经完成了的平面图上创建出有高度的立体模型也十分便捷，具体内容可以参照 AutoCAD2007 帮助文档。操作过程如图 9-2-1-28。

图 9-2-1-28 "按住并拖动"的操作

由于柜子本来是亮脚柜，也就是说旁板心板不落地，四个边框当作柜脚，所以还需要把心板下部挖掉，亮出柜脚。

可以回到主视图使用尺寸标注，也可以使用"查询距离"工具（工具栏内点右键，弹出的快捷菜单中选择"查询"，调出"查询"工具栏），或者直接输入 dist 命令，量得挖掉部分的尺寸是 280mm 长，116mm 高。也可以利用左视图作参考，直接用鼠标捕捉点。

要想在左旁板的心板上使用"按住并拖动"挖掉不需要的部分，在 AutoCAD 的以前版本，只能在当前坐标系下的 XY 平面内创建平面图形，需要变换坐标系才能创建出和当前坐标系 XY 平面不平行的矩形。而 AutoCAD2007 的动态 UCS 更灵活，不切换坐标系也能实现，只要在创建矩形选择矩形的第一个点前,鼠标在需要创建矩形的平面上停滞片刻,待这个平面线框成虚线显示时,就可以在这个平面上创建图形了。

下面练习一下 UCS 的做法,找到"三维制作控制台"工具选项板的"建模"标签,点击 UCS 工具 ,根据动态或命令行提示重新指定 X、Y、Z 轴,使 Z 轴垂直于心板向外,把心板的外表面作为 XY 平面,并在心板外表面绘制 280mm×116mm 的矩形线框,如图 9-2-1-29 所示,注意输入数字的正负。

图 9-2-1-29 新建 UCS

使用"按住并拖动"功能,在"三维制作控制台"中点击"按住并拖动"工具图标,或者直接使用快捷键 Ctrl+Alt,拾取矩形,向柜内拖动并单击,以挖掉此一部分,如图 9-2-1-30。

图 9-2-1-30 进行"按住并拖动"操作

成功后的三维线框视觉样式和概念视觉样式下的效果如图 9-2-1-31。

图 9-2-1-31 挖出亮脚的效果

在实体表面绘制图形,使用"按住并拖动"(PressPull)功能进行拉伸或挖洞的方法是 AutoCAD2007 新增加的特性,十分方便。

复制得到右旁板心板。

对于柜子的顶板、底板和两块中间隔板可以使用拉伸功能一次性同时完成。先选中这四个矩形（可以结合键盘的 Shift 键添加或减少选择），点击"三维制作控制台"的"拉伸"工具，如图 9-2-1-32，或者直接输入"extrude"（输入命令简写 ext 也可以）。

系统提示"指定拉伸的高度"，由于旁板宽 400mm，减去背板的厚度 10mm，输入 390 为四块板的宽度。使用移动工具，移动四块板与旁板的前边沿对齐。

图 9-2-1-32 选择"拉伸"

使用"三维制作控制台"的工具选项板的"建模"标签里的 UCS 工具，或者直接键盘输入"UCS"，在命令行或动态提示中切换回世界坐标系。完成后的"三维线框"和"概念视觉样式"效果如图 9-2-1-33。

图 9-2-1-33 "三维线框"和"概念视觉样式"

综合运用以上提供的三种方法完成柜门（含柜门边框、柜门玻璃、柜门把手）、抽屉面板、抽屉把手、背板的创建，最终完成整个柜子的建模后，关闭其他图层，效果如图 9-2-1-34。

（8）搭建场景，调整视图

假设把这件柜子放在 3m×3m×3m，没有开窗的房间一角，房间顶棚上有一盏吸顶灯或吊灯，还有一盏射向柜内的射灯，人在房间的另一角看柜子。

用户可以用"创建相机"以得到合适的观看角度，也完全可以不用"创建相机"，单纯调节视图得到合适的观看角度，并通过"三维导航控制台"的下拉列表中的"新建视图"把调整好的视图保存下来以备以后方便的调用。

用六个长方体搭建围合成 3m×3m×3m 的室内空间，然后点击"三维导航控制台内"的"创建相机"工具，在视图内创建摄像机模仿人眼，一般视高 1.5～1.7m，如图 9-2-1-35。

图 9-2-1-34　完成柜子建模

图 9-2-1-35　选择"创建相机"

系统提示"指定相机位置"，可以先在"三维导航控制台"的"平行投影"模式下，在下拉列表中选择"俯视图"，以准确地确定相机的平面位置，之后确定目标点位置，如图 9-2-1-36。

图 9-2-1-36　确定目标点位置

确定相机和目标点的水平位置后，可以跳到"三维导航控制台"的"透视投影"下的主视图，调整相机和目标点的高度。选中刚才创建的相机，弹出"相机预览"对话框，可以观察相机和目标点高度是否合适，如图9-2-1-37。

图 9-2-1-37 "相机预览"对话框

关闭"相机预览"对话框，将光标移动到相机的蓝色夹点上，会出现红绿蓝（RGB）三色的坐标系图标，在坐标系图标上挪动光标，选择想挪动的方向，相应的轴会变为金色，并出现轴的延长线，挪动相机到合适的位置并单击，确定相机的新位置。同样方法调整目标点的位置，如图9-2-1-38。

图 9-2-1-38 挪动相机位置

选中相机，在"对象特性"选项板（Ctrl＋1）中修改相机焦距和视野，结合相机和目标点的位置，得到合适的相机视图。

（9）光源

AutoCAD2007 提供了便捷的阳光系统，有兴趣的用户可以自行尝试。在这里，以创建室内模仿室内环境的人造灯光源为例讲解光源控制台的使用。

点击"光源控制台"左上角图标，滑出隐藏的工具，选择"创建点光源"，或者在出现的"光源控制台"的工具选项板中选择"创建点光源"，如图 9-2-1-39。

图 9-2-1-39　选择"创建点光源"

系统弹出"视口光源模式"的提示对话框，询问是否在用户自行创建光源的同时关闭系统提供的默认光源，点击"是"，如图 9-2-1-40。

图 9-2-1-40　"视口光源模式"对话框

系统提示"指定光源位置"，与设定相机位置相同，可以先在平行投影的俯视图下确定水平位置，再到平行投影的主视图下，确定光源高度，从而完成点光源位置的指定。

再创建一盏聚光灯。点击"光源控制台"的"创建聚光灯"，如图 9-2-1-41，或者在"光源控制台"的工具选项板中选择"聚光灯"工具。

图 9-2-1-41　选择"创建聚光灯"

聚光灯如同相机一样，还需要指定目标点的位置。完成后在西南等轴测下观察视图大体位置如下，如图 9-2-1-42。

图 9-2-1-42　聚光灯位置

通常情况下，可以按照真实生活中人和灯光以及物体的相对位置来布置，也可以按照摄影的光照理论和经验来布置。比如以相机和目标点的连线为准绳，分别打主光和辅光。点光源作主光，位于相机左上方，与相机和目标点的连线成 30°～45°角的范围，光线射向四面八方，主要照亮环境和物体，还能通过反射提供均匀的环境照明；聚光灯作辅光，位于相机右上前方 45°～60°的范围，补充出侧面反光，消弱过强的明暗对比，增加照明的层次感，同时可以提供定向的阴影。相机、物体和灯光的位置与最后的渲染效果息息相关，需要不断地摸索并积累经验。

如图中聚光灯出现的光锥状线圈，内圈表示聚光角，外圈表示衰减。可以选中聚光灯后，在特性选项板（Ctrl＋1）中调节。有关点光源的属性同样可以在特性选项板（Ctrl＋1）中调整，如图 9-2-1-43。

图 9-2-1-43　调整点光源的属性

可以回到相机视图，渲染一下看看灯光效果，等编辑完材质后再结合着仔细调整灯光。点击"渲染控制台"的"渲染"按钮，如图 9-2-1-44。

图 9-2-1-44　选择"渲染"

出现"渲染"窗口，进行渲染，完成后如图 9-2-1-45 所示，在图中可以清楚地看到聚光灯形成的光斑效果以及点光源和聚光灯投下的阴影。

图 9-2-1-45　渲染图

（10）材质

AutoCAD2007 提供了 400 多种材质可以选择，在"材质控制台"中包含了对材质的各种操作。点击"材质控制台"，滑出隐藏的工具。

图 9-2-1-46　"材质控制台"

同时工具选项板也变成材质控制台的工具选项板，出现多种材质样例的标签以供选择，包括：混凝土、门和窗、织物、表面处理、地板材料、砖石、金属、木材和塑料共八种，每个材质样例都有详细的说明，可以根据需要自行选择，如图 9-2-1-47。

图 9-2-1-47 材质样例

图 9-2-1-48 "材质"选项板

在"材质控制台"中，按住"材质纹理开关"图标，出现下拉式的三种选择："材质和纹理关"、"材质开/纹理关"、"材质和纹理开"，可以控制是否在视图中显示出材质或纹理；按住"贴图方式"图标，出现下拉式的四种选择："平面贴图"、"长方体贴图"、"柱面贴图"、"球面贴图"，可以控制贴图包裹模型的方式；点击"随层附着"图标，弹出材质附着选项对话框，可以对整层的物体赋予同样的材质，对于图层管理科学的建模者能大幅度提高工作效率，用户也可以在给模型赋材质前先整理图层，将同样材质的物体放置于同一图层；点击"材质选项板"图标，弹出材质选项板，可以对模型中的材质进行各种编辑操作；点击"复制贴图坐标"和"重置贴图坐标"可以对贴图坐标进行管理。

在"材质控制台"中点击"材质选项板"图标，弹出"材质"选项板，如图 9-2-1-48，默认只有一种"全局材质"。

在"材质控制台"的工具选项板中的"表面处理材质"样例中选择"表面处理.墙面装饰面层.条纹.垂直.蓝灰色"材质，点右键，弹出的快捷菜单中选择"添加到当前图形"，或者直接单击左键，这时在材质选项板中出现了刚才选择的材质。选中此材质，单击鼠标右键，在快捷菜单中选择"应用材质……"，或者点击材质选项板中的"将材质应用到对象"图标，然后选择相机视图中的两面墙，将此材质赋予墙体。同样，将地板材料标签中的"表面处理.地板材料.木材.硬木.1"赋予场景中的地板。

在"材质控制台"中，控制材质和纹理的状态为开，贴图方式为长方体，在"视觉样式控制台"中控制视觉样式为"真实"，此时场景中显示出了材质和纹理，如图9-2-1-49。

图 9-2-1-49　显示地板和墙壁材质及纹理

在"材质"选项板中选中需要编辑的材质，系统已经设置好了基本的参数，包括样板、反光度、折射率等基本的物理光学特性，如图9-2-1-50。

图 9-2-1-50　"材质"选项板

图 9-2-1-51　"调整位图"对话框

用户可以点击"调整位图"图标,弹出"调整位图"对话框,在其中可以对贴图的比例、位置、次数等进行调节。同时,在窗口中可以直观地看到调整的效果,如图 9-2-1-51。

这里暂时接受默认设置,用户可以自行尝试不同设置的不同效果。

按照同样的方法给柜子的板子赋予合适的木质材质,柜门把手和抽屉把手赋予不锈钢材质,柜门上和柜子内的玻璃赋予玻璃材质,选择对象时,如果想选择重叠的对象,需要按住 **Shift** 键,再按空格键,在循环的重叠对象中进行选择。如果打开了输入法,请切换回 Windows 默认的中文状态。材质贴图的方式以及"调整位图"对话框中材质比例、位置都将影响最后的外观,又由于相机位置和角度的问题,不近看则看不出纹理和贴图是否正确,这时可以放大视图,近距离观察以保证真实的效果。完成后视图中显示如图 9-2-1-52 所示。

图 9-2-1-52　柜子、把手、玻璃搁板等材质贴图

点击"渲染控制台"中的"渲染"按钮,简单渲染一下,效果如图 9-2-1-53。

图 9-2-1-53　简单渲染

(11) 渲染

AutoCAD2007 使用的是 Mental Ray 渲染器，支持光线追踪（Ray Trace）和全局光（GI），对于间接照明以及玻璃、金属等材质和阴影都有上佳表现，理论上能达到虚拟真实的效果，得到相片级的效果图。

在"渲染控制台"点击"渲染"后，出现渲染窗口，进行渲染，完成后，不仅可以看到渲染的效果，还可以在窗口右侧看到相关的技术分析，这些是在"高级渲染设置"中可以调节的内容，如图 9-2-1-54。

图 9-2-1-54 选择"高级渲染设置"

点击"高级渲染设置"，弹出"高级渲染设置"选项板，如图 9-2-1-55。

其中"阴影"和"光线追踪"两项是系统的默认设置，在不开启"间接发光"的情况下也是如此。而系统渲染的默认设置是不开启"间接发光"的，也就是说，光线从光源发出后，到达表面就结束了，不再反射，显然不符合自然规律。

开启"间接发光"后，从表面反射回的光线也将被计算，这样效果将更加真实。设置好"光子"数目、"半径"以及"最终采集"等项内容，具体情况请参阅 AutoCAD2007 帮助文档的渲染部分。再次进行渲染，技术分析中多了"全局照明"和"最终采集"两项参数，得到效果如图 9-2-1-56。

图 9-2-1-55 "高级渲染设置"选项板

图 9-2-1-56 渲染效果

很明显，渲染质量提高了，图片更清晰，效果更真实，尤其是阴影的层次感、玻璃和透过玻璃形成的光影、表面材质的质感都有很大的进步，但是渲染的时间也成倍的变长。这也可以看出，系统默认不开启"间接发光"的设置，是牺牲了渲染质量以换得渲染速度。

用户还可以在"渲染控制台"中的"选择渲染预设"下拉列表中，选择更高的渲染质量，或者选择"管理渲染预设"，弹出"渲染预设管理器"对话框，事先对各个级别的渲染进行参数设置，如图 9-2-1-57。

图 9-2-1-57　　"渲染预设管理器"对话框

要想得到好的渲染效果，仅靠"渲染控制台"的调节还是不够的，需要模型、材质、光源的全方面配合。以本实例中的柜子来分析，模型可以做的更加精细，为柜子的板材添加棱角以更加真实，现实中不可避免的缝隙也都准确地模拟出来。材质在系统默认的基础上仔细地加以调节，调整材质的颜色，为材质添加凹凸贴图以增强质感，准确地拼贴材质与材质的缝隙，设定材质的贴图坐标和重复拼贴的次数，保证各个面看上去都是真实的效果；光源的颜色和亮度以及聚光灯衰减的范围和幅度，都可以设置得更加真实或者具有艺术效果。最后提高渲染出图的分辨率。这样得到的效果会更好，但是模型会更复杂，渲染的时间将更长。

9.2.2　实木椅子的绘制

仿制实木的明式家具常常需要对实物进行拆解和测绘，以指导下料和加工，才能制成逼真的高仿品。如果没有实物，仅有照片，可以在相片的基础上绘制出三视图，再拆画结构图和零件图，AutoCAD2007 还提供了另外一种方法：结合图片和二维图形进行三维建模，利用三维模型直接生成剖视图，帮助完成结构图，或者对三维立体模型在布局的视口中进行尺寸标注，完成平面图。这里将主要讲解创建三维模型的方法。

（1）准备工作

明式黄花梨玫瑰椅图片如 9-2-2-1：

图 9-2-2-1　明式黄花梨玫瑰椅照片

利用以前章节讲过的插入图片进行描绘的方法完成玫瑰椅主视图的绘制，大体完成俯视图和左视图的外边框，确定出基本的座椅功能尺寸，如图 9-2-2-2。

图 9-2-2-2　完成主视图

如果由于图片或文件存储的路径有变动，而导致了图片无法显示，可以在菜单栏中点击"插入/外部参照"，弹出"外部参照"选项板，如果有插入的图片找不到，会在该图片后出现红色的叹号，只要点击"找到位置"后面的浏览器按钮，弹出"选择图片"对话框，重新指定图片的存放位置，加载后就可以在绘图区域看到图片了，如图 9-2-2-3。

图 9-2-2-3 "外部参照"选项板

像做板式柜子一样，旋转移动以拼合三个视图作为建模的参考。

由于主视图的左下角点是世界坐标系的原点（0，0，0），所以只要旋转主视图，把它立起来，以此为拼合基准把其他两个视图挪动过来就可以了，如图 9-2-2-4。在以后的建模中，牢记坐标原点的位置将非常重要。

图 9-2-2-4　移动并拼合视图

为了三维建模的方便,需要进一步细化俯视图和左视图,也可以在三维建模的过程中逐步细化各个视图。完成后可以通过关闭插入图片所在层的方法,关闭图片的显示。由于图片本身带有透视变形,对于三维建模的帮助并不如二维描图时那么直接,同时,关闭图片的显示可以节约系统资源,对于计算机硬件性能不佳的用户尤其有用。需要时再使用其他看图软件,如 ACDSee 或者 WindowsXP 的图片浏览器打开即可。其他不需要的图层也可以同时关闭。

(2)模型分析

建模之初,可以先考虑一下各个部件该使用什么方法来创建模型。椅盘的边抹有精巧的线脚,可以使用截面图形以矩形线框"扫掠"(Sweep)的方式来创建;椅腿上细下粗,内方外圆,可以使用不同的截面图形以"路径放样"(Loft)来实现;罗锅枨表面圆润,看面粗侧面细,带有起伏,可以通过矩形(Rec)以多段线(Pl)为路径"扫掠"(Sweep)之后再倒角(Chamfer)和圆角(Fillet)的方式实现;平枨和脚踏可以使用圆角矩形(Rec)以直线"扫掠"(Sweep)的方式实现;脚踏下壸门形券口以及背板卷草纹券口可以通过"拉伸"(Extrude)或"按住并拖动"(PressPull)来实现。

(3)创建椅盘

椅盘是座椅最重要的平面,也是坐姿尺寸的起点,所以先从椅盘入手。基本建模思想是使用截面图形以矩形线框"扫掠"(Sweep)的方式来创建。

借助已有的主视图,在主视图上创建椅盘边抹的截面轮廓,大致尺寸为 70mm 长(X 轴方向)×28mm 高(Y 轴方向),如图 9-2-2-5 所示。

图 9-2-2-5　创建椅盘边抹截面轮廓

通过圆弧和直线拼合成的轮廓可以一次全部选中,同时应用"扫掠"(Sweep)命令,但是创建成的是一个个分离的面,而不是实体,所以需要把分开的直线和圆弧使用"多段线编辑"命令改成闭合的多段线再放样。

使用"多段线编辑"命令(Pedit),把三段直线和四段圆弧合并在一起,此时容易出现的问题是,应用"扫掠"(Sweep)命令时,系统提示"不能扫掠或拉伸自交的曲线"。

出现问题的原因在于,虽然三段直线和四段圆弧已经合并在一起了,但是没有闭合。最好的解决办法是在已有的基础上使用"多段线"(Pl)重新画一遍,为确保闭合,可以在命令结束时看命令行提示,输入"cl",以闭合多段线。

当选中多段线时,闭合的点与重影而没有闭合的点所显示的蓝色夹点方块图标是不一样的,如图 9-2-2-6。

图 9-2-2-6　多段线闭合与不闭合的夹点区别

创建椅盘内边框的矩形。使用矩形命令捕捉参考视图的点,迅速得到椅盘外边框线,再使用"偏移"(Offset)命令直接向内偏移 70,得到椅盘内边框线。把椅盘边抹截面轮廓线的右上角点移动到内边框线的角点上,确保扫掠的方向和大小,如图 9-2-2-7。

图 9-2-2-7　确定扫掠的路径和方向

创建椅盘,使用"扫掠"(Sweep)命令,点击"三维制作控制台"的"扫掠"图标,如图 9-2-2-8。

图 9-2-2-8　选择"扫掠"

根据提示,选择要扫掠的对象和扫掠路径,得到椅盘边框。在"视觉样式控制台"的下拉列表中选择"概念",切换到概念视图的效果如图 9-2-2-9。关于"扫掠"命令的各项设置"[对齐(A)/基点(B)/比例(S)/扭曲(T)]"可以参阅 AutoCAD2007 的帮助文档。

图 9-2-2-9 椅盘边框

创建好实体后,为了不影响以后的建模,可以新建单独的图层,存放建好的模型,并关闭图层。

(4) 创建椅腿

玫瑰椅的椅腿上细下粗,外圆内方,不仅显示了古人对构图稳定的美学考虑,也蕴涵了中国传统文化中"天圆地方"的朴素思想。可以使用多个截面图形以"路径放样"(Loft)来实现建模。

以椅盘的下表面为界,本是一木连作的整根椅腿从外观上看分为两段,上半段是浑圆的,截面是圆形;下半段朝外是光滑的圆柱面,而朝内是规整的方形面,建模时分为两段来做,完成后可以通过布尔运算合并在一起。

用直线在主视图上创建出椅后腿的两段中心线,由于椅腿是斜的,一定要注意这两段线都是在世界坐标系下的正立面上的倾斜直线,并不是铅垂线,如图 9-2-2-10。

图 9-2-2-10 创建椅后腿中心线

在俯视图上创建椅腿在地面（世界坐标系 Z 坐标为 0 的平面）上的投影，可以在正交状态下使用直线，利用捕捉根据参考视图给出的尺寸绘制边长 36mm 的正方形，之后或倒圆角或绘制四分之一圆弧，完成椅腿截面的绘制。再使用"多段线编辑"命令（Pedit）把直线和圆弧拼合成封闭的线框，如图 9-2-2-11。

图 9-2-2-11　创建椅腿截面

将地面上的椅腿截面线框复制一份到椅盘的下表面位置，根据主视图给出的参考尺寸，利用"偏移"命令（Offset）向内偏移 2mm，得到椅盘下表面位置的椅腿截面。注意复制的时候要确保选择截面与椅腿中心线的交点作为复制的基点和移动到的目标点，这样才能保证椅腿中心轴线刚好穿过截面线框的中心，这一点对后面放样的操作十分重要，如图 9-2-2-12。

图 9-2-2-12　复制椅腿截面至椅盘下表面

进行放样。点击"三维制作控制台"的"放样"工具，如图 9-2-2-13。

系统提示"按放样次序选择横截面"，用拾取框选择椅腿在地面上的截面线框，系统提示

"找到 1 个",按住 Shift 键,用拾取框选择椅盘下表面的截面线框,系统提示"找到 1 个,总计 2 个";按空格确认,系统提示"输入选项 [导向(G)/路径(P)/仅横截面(C)] <仅横截面>:",选路径,用拾取框选择椅后腿的下半段中心线作为放样路径,得到实体模型,如图 9-2-2-14。

图 9-2-2-13 选择"放样"

图 9-2-2-14 得到椅后腿下半段

同样方法,依据主视图作为尺寸参考,创建椅后腿的上半段。椅腿上半段和椅腿下半段可以通过布尔运算做并集合并到一起,也可以保持分开的状态,好处是在不影响模型外观的前提下,赋材质做贴图时可以把上下两段椅腿分开应用不同的贴图方式,比如上半段做圆柱贴图下半段做长方体贴图,如果需要统一应用同样的贴图方式,在贴图给材质之前再做并集也不迟。使用"镜像"工具(Mirror)得到另外一边的椅后腿。做镜像时,为了确保镜像的位置,可以切换到主视图下进行操作。效果如图 9-2-2-15。

创建椅后腿上面的横枨。横枨可以分为两端的拐角和中间的直枨部分,两端的拐角使用"放样"(Loft),以两个圆为截面,四分之一圆弧为路径即可,与椅腿的建模方法一样,如图 9-2-2-16。

中间的直枨或放样或扫掠均可。在实际生产中,带拐角的横枨是一木连作,再用俗称"挖烟袋锅"的做法安装到两根椅后腿上,所以需要把拐角和直枨使用布尔运算做并集,合并为一个整体,才能保证得到正确的材质和贴图。点击"三维制作控制台"的"并集"图标,如图 9-2-2-17。

图 9-2-2-15 完成椅后腿

图 9-2-2-16 横枨拐角"放样"

图 9-2-2-17 选择"并集"

根据系统提示选择需要做并集运算的两个拐角和直枨后确认以完成布尔运算。效果如图 9-2-2-18。

图 9-2-2-18 完成布尔运算

同样方法放样完成玫瑰椅前腿和扶手的建模，各个截面和路径如图。特别需要注意的是，椅前腿和扶手所在的平面并不是铅垂面，而是倾斜的平面，可以灵活地运用"拷贝"（Copy）从主视图上获得准确的椅前腿和扶手的中心轴线以及各个截面线框，如图 9-2-2-19。

图 9-2-2-19 椅前腿和扶手建模

放样完成椅前腿，对于带拐角的扶手，可以使用"放样"一次性完成建模，而不需做布尔运算的并集操作，需要注意的是，在拐角处可以添加截面圆以获得准确光滑的拐角。最后通过镜像得到另外一边的椅前腿和扶手。在透视投影的概念样式下，效果如图 9-2-2-20。

图 9-2-2-20 完成椅前腿和扶手

（5）创建罗锅枨和其他辅助构件

为了不影响建模操作，先将建好的实体模型放到单独的实体图层，并关闭图层。

罗锅枨的建模有多种方法，可以画出中心中线后创建好已经倒好角和圆角的截面图形，再"扫掠"得到实体；也可以使用矩形做截面图形，"扫掠"后再倒角和倒圆角，创建光滑的实体；还可以用看面轮廓拉伸出实体后倒角和圆角，多种方法都能得到一样的效果。这里主要练习对三维实体倒角后再圆角的操作，所以先创建中心轴线再创建矩形做截面图形，然后倒角和圆角。

在主视图上根据已经绘制的主视图的尺寸创建罗锅枨的中心轴线。可以使用"偏移"工具，将罗锅枨轮廓线"偏移"（Offset）10mm 得到，罗锅枨看面宽 20mm。偏移后，如果是分离的直线，可以通过对直线的夹点进行编辑，再使用"多段线编辑"命令（Pedit）将分开的直线合并成整段的多段线，如图 9-2-2-21。

图 9-2-2-21 创建罗锅枨中心轴线

切换到左视图后，按住鼠标左键和 Shift 键进行视图的旋转，注意这时世界坐标系的图标，显示的 XY 平面即为创建罗锅枨截面矩形的平面。

切换视图后，世界坐标系的显示随之变化，就不用再使用 UCS 命令切换坐标系了。

创建 16mm 宽（X 轴方向）×20mm 高（Y 轴方向）的矩形，并使用移动工具，把矩形的中心挪动到罗锅枨中心轴线上，如图 9-2-2-22。

图 9-2-2-22 创建矩形

点击"三维制作控制台"中的"扫掠"工具（Sweep），如图 9-2-2-23。

图 9-2-2-23 选择"扫掠"

根据提示选择要扫掠的对象为截面矩形，按空格键确认，根据提示选择扫掠路径为罗锅枨中心轴线的多段线，确认得到实体，如图 9-2-2-24。

图 9-2-2-24 扫掠出罗锅枨实体

先用倒角工具（Chamfer）对罗锅枨实体进行倒角。点击"三维制作控制台"的工具选项板中的"倒角"工具，根据系统提示"选择第一条边"，选择罗锅枨实体需要倒角的边，由于两个面相交的棱才成为一条边，所以还需要根据系统提示确保选中看面为要倒角的基面，如图9-2-2-25。

图 9-2-2-25　对罗锅枨倒角

根据系统命令行提示指定基面的倒角距离为 6，其他曲面的倒角距离为 3，单位 mm。根据系统提示选择看面上、下边线为需要倒角的棱，选择时，可以结合键盘的 Shift 键，一次完成选择，倒角完成效果如图 9-2-2-26。

图 9-2-2-26　完成倒角

真实的玫瑰椅，背面也是倒角的，如果只是为了渲染出效果图的话，背面可以不倒角以减少模型的面数，节省系统资源，加快渲染速度；如果要从三维模型出二维剖面图，就需要严格按照实际情况倒角了。

下面为罗锅枨倒圆角。点击"三维制作控制台"的工具选项板中的"圆角"工具（Fillet），根据系统提示确认选择罗锅枨看面上的棱线为需要圆角的边，使用 Shift 键一次性全部选中是无法完成操作的，需要把拐角处的斜线成对单独进行圆角处理，如图 9-2-2-27。

系统默认圆角半径为 18mm，接受默认值即可。完成后效果如图 9-2-2-28。

图 9-2-2-27　对罗锅枨倒圆角

图 9-2-2-28　完成倒圆角

为了充分真实地模拟罗锅枨和它上面站牙的交线，需要先用布尔运算把两个三角形的缺口挖掉。

使用"多段线"命令（Pl）画出站牙的形状，点击"三维制作控制台"的"拉伸"工具（Extrude）进行拉伸，如图 9-2-2-29，拉伸高度 20mm。

图 9-2-2-29　选择"拉伸"

使用"移动"工具（M），开启捕捉，摆放好位置，如图 9-2-2-30。

图 9-2-2-30　拉伸

点击"三维制作控制台"的"差集"工具（Subtract），如图 9-2-2-31。

图 9-2-2-31　选择"差集"

选择罗锅枨为对象，选择站牙为要减去的对象，完成后效果如图 9-2-2-32。

图 9-2-2-32　差集完成

创建罗锅枨上面的站牙。

使用"拉伸"（Extrude）工具拉伸站牙轮廓，拉伸高度为 16mm，与罗锅枨同样厚度。使用"移动"工具，或挪动夹点，放到合适的位置。进行同样的倒角和圆角操作后，完成效果如图 9-2-2-33。

图 9-2-2-33　创建罗锅枨上的站牙

按照同样方法完成侧面两个罗锅枨的制作。

比较简便的方法是把正面罗锅枨的轴线和站牙轮廓线原地复制一份，再使用三维旋转工具旋转到侧面，然后移动到合适的位置，通过工具选项板中"修改"标签下的"二维拉伸"工具（Stretch），把轴线变为合适的长短，并同时实现站牙轮廓的定位，如图 9-2-2-34。

图 9-2-2-34　复制站牙轮廓线至侧面

使用扫掠和拉伸以及倒角和圆角命令，完成侧面罗锅枨和上面站牙的制作，镜像得到另外一边。效果如图 9-2-2-35。

图 9-2-2-35　完成站牙

同样方法完成正面和侧面的脚踏、椅腿枨以及椅盘上面的平枨和站牙，具体尺寸可以参考主视图或者根据图片自定。完成后效果如图 9-2-2-36。

图 9-2-2-36　完成脚踏、椅腿枨等构件

（6）创建卷草纹券口背板

券口背板可以使用"按住并拖动"（PressPull）完成，需要注意的是，在背板的边角处必须是封闭的。仔细检查图形所有线和线相交的地方，没有封闭的地方用线封闭，如图 9-2-2-37。

图 9-2-2-37　检查轮廓是否封闭

点击"三维制作控制台"的"按住并拖动"工具（PressPull），选择有限区域进行按住并拖动，拖动高度设为 10mm。由于图形比较复杂，需要多尝试几次才能找到合适的有限区域，过程如图 9-2-2-38。

图 9-2-2-38　"按住并拖动"

使用"拉伸"工具（Extrude）对卷草纹的浅浮雕进行拉伸，拉伸高度 13mm。完成后如图 9-2-2-39。通过镜像得到另外一边。

（7）拼合并整理模型

由于为了作图方便，整个玫瑰椅的背部零件全是在主视图上创建的，所以还需要往前挪动，以拼合整件椅子。仔细观察视图发现，椅盘稍微小了一点，导致前面的椅腿在椅盘线脚处露出了一小部分，可以使用缩放命令，稍微把椅盘放大一点，也可以直接调整挪动椅盘的夹点。卷草纹浮雕效果如果不明显，可以适当增加拉伸高度。如果某个零件长度不够或是太长也可以使用夹点直接拖动进行调整。细节部分如果还有不满意的地方可以再慢慢调整。最终完成后的模型，如图 9-2-2-40。

图 9-2-2-39　拉伸卷草纹浅浮雕

图 9-2-2-40　完成建模

(8) 搭建场景设置视图

与板式家具搭建场景一样，使用长方体搭建封闭的 5m×5m×3m 的室内空间，调整好室内空间和玫瑰椅的相对位置，找好角度新建一个视图专门用于渲染。

(9) 灯光

假设场景中间有一盏吊灯，在合适的位置创建点光源。

(10) 材质

在"材质控制台"中为玫瑰椅指定木材材质，为墙体指定混凝土材质，地面指定地毯材质。各个材质的参数可以参看渲染效果再进行调整。比如木纹理和地毯贴图的方向和重复的次数。

(11) 渲染

接受系统的默认渲染设置，渲染，如图 9-2-2-41。

图 9-2-2-41　渲染

在"高级渲染"设置中,设置渲染级别为"低";开启材质中的"纹理过滤";开启"间接发光",设置全局照明"使用半径"为开,半径为 10;设置"最终采集"半径模式为开,最大半径为 10。得到的渲染效果如图 9-2-2-42。

图 9-2-2-42　最终渲染效果

(12) 根据模型出二维视图

AutoCAD2007 在三维制作控制台中还提供了两个非常有用的工具"截面平面"(Section Plan)和"平面摄影"(Plan shot),可以从三维模型直接输出二维的平面图。

点击"三维制作控制台"的"截面平面"工具,如图 9-2-2-43。

系统提示"选择面或任意点以定位截面线",用户可以自行绘制任意方向的截面线,也可以根据命令行提示输入字母"O",选择常用的正交视图做截面。

如图 9-2-2-44 所示,在动态提示中选择左,得到与左视图平行的截面。

图 9-2-2-43 选择"截面平面"

图 9-2-2-44 得到与左视图平行的截面

此时右键点击截面，在快捷菜单中点击"活动截面设置…"，如图 9-2-2-45。

图 9-2-2-45 选择"活动截面设置"

弹出活动"截面设置"对话框，可以对截面的各种属性进行设置，比如剖视图的填充图案、图例、颜色、线型等内容，如图 9-2-2-46。

图 9-2-2-46 "截面设置"对话框

如果需要生成二维视图，在右键快捷菜单中选择"生成二维/三维截面"，如图 9-2-2-47。

图 9-2-2-47　选择"生成二维/三维截面"

系统会自动计算生成截面所在位置的剖视图，作为块，插入到当前坐标系的 XY 平面内。用户也可以选择生成新的文件，在系统提示下确定插入点、插入比例和旋转角度后，即得到了自动生成的剖视图，如图 9-2-2-48。

图 9-2-2-48　生成剖视图

如果用户是完全从三维入手进行设计和建模，最后需要拆解绘制并输出剖视结构图和零件图的话，这一功能将十分方便。

"平面摄影"功能则对需要进行拆解注释的模型十分有用，用户可以由立体模型创建出从任意角度观察模型的带有透视或轴测效果的平面图形并加以编辑和修改，添加引线、文字注释和说明，具体操作和效果可以自行尝试，如图 9-2-2-49。

图 9-2-2-49　选择"平面摄影"

9.2.3 沙发的绘制

与以往的版本相比，AutoCAD2007 提供了便利的三维建模工作空间，这为设计师直接从立体入手进行创意和设计提供了可能，本章节将以著名的现代主义设计大师勒·柯布西耶的代表作"豪华舒适椅"（Grand Comfort）为例，讲解不依靠平面图，完全从立体入手进行建模和设计的方法。

（1）创建模型

首先看一下实物，如图 9-2-3-1。

图 9-2-3-1　"豪华舒适椅"（Grand Comfort）实物照片

尽管与其他三维建模软件如 3DsMAX 相比，AutoCAD2007 在自由曲线和曲面的建模方面还不是很方便，但是对于不要求十分逼真的场合还是可以胜任的。

从图片分析来看，可以通过长方体倒圆角，平面图形拉伸或者按住并拖动之后再倒圆角来模拟具有体量感的沙发坐垫、靠垫和扶手；以三维多段线为路径，圆为扫掠图形的方法创建钢管的造型。在创建造型的过程中，还可以利用三维图形的夹点便利地进行编辑和修改，图中的数字表明建模的步骤。

需要事先声明的是，根据照片近似的完成建模，需要对模型的尺寸有比较准确的把握，对于本例，需要具备一定的人体工程学知识、基本的家具尺寸常识、准确的比例和尺度感以及一定的艺术美感。

运行 AutoCAD2007，选择进入三维建模空间，在"三维制作控制台"中使用"长方体"工具在场景中创建宽 550mm（座深，X 轴方向），长 600mm（座宽，Y 轴方向），高 200mm（Z 轴方向）的长方体作为沙发坐垫下面的底座，指定第一点时，可以指定在坐标原点（0，0，0），以方便建模过程中的模型定位。

点击"三维制作控制台"的工具选项板中"修改"标签的"倒圆角"工具（命令为Fillet），系统提示"选择对象"，光标变为方形的拾取框，点选长方体的一条边，以选中长方体，最好是选择需要进行圆角的边；系统提示"输入圆角半径"，这里输入 30；系统提示"选择需要进行圆角的边"，选择长方体 X 轴方向向外的四条边，然后按空格键或回车键或右键确定，完成倒圆角，如图 9-2-3-2。

图 9-2-3-2　创建沙发坐垫的下底座并倒角

对于底座来说，只有这向外的四条边是可以看到的，所以只需要对这四条边进行倒圆角，以减少模型的复杂程度，节省多边形的个数，这样能提高渲染时的计算速度，并且没有倒角的后面的四个直角点可以留作准确定位的参考。

再次使用"长方体"工具创建宽 550mm（座深，X 轴方向），长 600mm（座宽，Y 轴方向），高 150mm（Z 轴方向）的长方体作为沙发坐垫。对坐垫上表面的四条边倒圆角，半径 60，对座垫看面的左、右、下三条边倒圆角，半径 30，完成后效果如图 9-2-3-3。

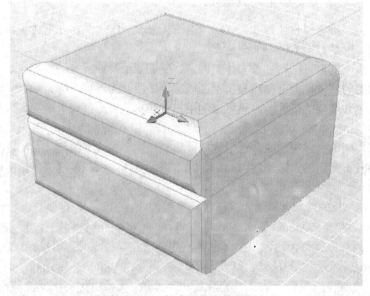

图 9-2-3-3　创建沙发坐垫并倒角

创建沙发靠垫，宽 200mm（X 轴方向），长 600mm（Y 轴方向），高 600mm（Z 轴方向）。分别对其看面和顶面的棱进行倒圆角，半径为 60mm 和 30mm。圆角半径大小与长方体尺寸一样，都为根据图片目测估算，用户也可以自行设计尺寸数值，完成后效果如图 9-2-3-4。

图 9-2-3-4 创建沙发靠垫并倒角

相对于坐垫和靠垫，扶手稍微复杂一点，不能简单地通过长方体（Box）来模拟，但可以通过平面图形拉伸的方法来创建。如图 9-2-3-5，使用直线和圆弧画出扶手看面的轮廓线，具体尺寸可以参考图中数字也可以根据比例自行设定，为了便捷地绘制平面图形，可以重新设定用户坐标系 UCS，根据需要开启正交和捕捉。

图 9-2-3-5 创建沙发扶手截面轮廓线

拉伸立体扶手时，可以使用"拉伸"（Extrude）也可以使用"按住并拖动"（PressPull），前者需要平面图形是闭合的，后者只要是成封闭的区域即可。

为了区分出平面图形、辅助线、实体，可以新建图层，并在图层中加以管理。

拉伸扶手看面轮廓成立体，对扶手的可见棱进行倒圆角，半径 30mm，镜像得到另外一个扶手，如图 9-2-3-6。

图 9-2-3-6 拉伸得到扶手

直接使用"长方体"创建沙发的金属底盘。如果创建后觉得不合适，可以通过对长方体夹点进行编辑的方式，方便地更改长方体的长、宽、高、位置等各项几何参数，如图 9-2-3-7。

图 9-2-3-7 创建沙发金属底盘

使用直线创建沙发钢管的轴线，遇到的问题是，在应用"扫掠"命令（Sweep）时，由于直线是分段的，所以只能得到一段一段的钢管，还需要布尔运算做合并（Union）才能得到完整的钢管；如果使用多段线（PLine）创建钢管轴线，得到的多段线也是二维平面的，同样存在和直线一样的问题。AutoCAD2007 还提供了"三维多段线命令"（3DPOLY），可以一次性创建整段的钢管轴线，但需要先用直线基本画出轴线作为辅助线，以帮助三维多段线准确的定位各个拐点。具体尺寸可以参照图 9-2-3-8，也可以根据图片比例自行设定。

图 9-2-3-8　创建沙发钢管的轴线

在钢管轴线脚点的水平面上画圆，直径 25mm，如图 9-2-3-9。

图 9-2-3-9　在钢管轴线脚点的水平面上画圆

点击"三维制作控制台"的"扫掠"，或者动态输入 Sweep，如图 9-2-3-10。
系统提示"选择要扫掠的对象"，选择代表钢管壁的圆，右键或空格以确认；系统提示"选择扫掠路径"，选择创建的钢管轴线，出现创建好的沙发钢管，如图 9-2-3-11。

图 9-2-3-10　选择"扫掠"

图 9-2-3-11　完成沙发钢管

同样方法创建下层更细的钢管，直径为 15mm，如图 9-2-3-12。

图 9-2-3-12　创建细钢管

使用"三维制作控制台"的"并集"命令，把两个钢管合并，如果不合并，渲染后会出现粗钢管和细钢管的圆柱面截交线不正常的情况，如图 9-2-3-13。

图 9-2-3-13　粗钢管和细钢管的圆柱面截交线

点击"三维制作控制台"的"并集"工具，如图 9-2-3-14，根据系统提示选择要合并的对象后确认。

图 9-2-3-14　选择"并集"

创建沙发脚有很多方法，用户可以尝试使用"三维制作控制台"的"旋转"命令来创建这种回转体。如图 9-2-3-15，创建用来旋转的圆弧和轴，用户需要事先使用 UCS 命令变换用户坐标系到创建圆弧的平面。

图 9-2-3-15　创建沙发脚

点击"三维制作控制台"的"旋转"命令，如图 9-2-3-16。

图 9-2-3-16　选择：旋转

系统提示"选择要旋转的对象"，选择刚才创建的四分之一圆弧后按空格键确认，选择钢管轴心作为旋转轴，旋转角度为 360°，得到沙发脚的造型，如图 9-2-3-17。

图 9-2-3-17　完成沙发脚

复制得到另外一个沙发脚，再通过镜像得到另外一边完成的沙发钢管。完成后如图 9-2-3-18。

图 9-2-3-18　完成沙发建模

（2）场景、视图和光源

假设把沙发放在 5m×5m×3m 的房间内，房间中间有一盏球形吊灯。用 6 个长方体搭围成封闭的空间，在房间中创建一盏点光源，利用鼠标中键调整视图到合适的角度并新建视图把视图保存下来。

（3）材质

为墙壁指定混凝土材质，为地板指定木质材质，为顶棚指定石膏板材质，为沙发指定皮革材质，为钢管指定不锈钢材质。

需要注意的是，要仔细观察各种材质铺贴的比例、尺度和位置，保证贴图显示正确。皮革材质需要设置凹凸贴图才能更真实。不锈钢材质需要设置成亮光不锈钢（Metal Polished）才能看出反光效果。

（4）渲染

不使用"间接发光"，在"渲染控制台"的下拉列表中选择渲染预设为"低"，保持系统默认的渲染设置，得到效果如图 9-2-3-19。

图 9-2-3-19　渲染

正面视图如图 9-2-3-20。

在"渲染控制台"中打开渲染高级设置，选择渲染预设为"中"；在"材质"一栏中，更改"纹理过滤"和"强制双面"为关；在"采样"一栏中，选择过滤器为"Mitchell"；"间接发光"一栏的全局照明的"使用半径"设为"开"，半径设为"10"；"最终采集"的半径模式设为"开"，最大半径设为"10"，渲染完成后结果如图 9-2-3-21，看上去要比上一张精细得多。

图 9-2-3-20　正面渲染视图

图 9-2-3-21　最终渲染效果

在渲染时还需要注意以下几个问题：
- ✓ 材质："纹理过滤"关闭与打开相比，关闭时的质感更强。如果"强制双面"设为开，则面的正反两侧都赋上贴图，设为关，则只有朝向用户的面赋贴图，一般情况下，设为关即可，如图 9-2-3-22。

材质	
应用材质	开
纹理过滤	关
强制双面	关

图 9-2-3-22 "材质"的控制

✓ 采样："过滤器类型"选择 Mitchell，是比较准确的一种算法，选择长方体、三角形或者 Gauss 容易在最终渲染的图片上出现带颜色的光斑。"过滤器宽度"和"高度"数值越高渲染质量越好，但是计算时间也越长，如图 9-2-3-23。

采样	
最小样例数	1
最大样例数	4
过滤器类型	Mitchell
过滤器宽度	3
过滤器高度	3
对比色	0.05, 0.05, 0.05,...
对比红色	0.05
对比蓝色	0.05
对比绿色	0.05
对比 Alpha	0.05

图 9-2-3-23 "采样"的控制

在"高级渲染设置"选项板中其他各项参数的解释可以参照 AutoCAD2007 的帮助文档。

第10章 图纸输出

10.1 模型空间和图纸空间

针对不同的图形对象，AutoCAD 既可以从"模型空间"打印输出，也可以从"图纸空间"打印输出，最终的打印输出决定着绘制图形的步骤和图形、标注等比例的设置。因此，下面将分别讲解如何输出图纸。

- 从"模型空间"打印输出适用于单视口的平面图形，其基本的指导思想就是利用所见即所得的特性，将所要打印在图纸上的内容也都显示在模型空间中，比如图形、标注、文字、图框、标题栏等全部都创建在模型空间中，再打印出图。AutoCAD 的老版本用户基本习惯了在模型空间绘图并在模型空间打印出图，熟练以后，速度也很快，对于平面制图，这种方法基本可以应付。
- 从"图纸空间"利用布局内创建视口的打印输出方法适用于三维视图以及复杂平面图形的处理，一般做法是，在模型空间完成图形的创建，尺寸标注和文字注释可以在模型空间进行也可以在图纸空间中进行（具体原因可以参看以前讲过的尺寸标注和文字注释部分的内容），图框和标题栏在图纸空间下插入，之后完成多个视口的创建，排布好图纸，进行页面设置，配置打印机，打印出图。

对于复杂的平面图，在图纸空间利用布局创建视口的方法比在模型空间打印出图要方便，比如需要表现节点详图，就需要在一张图纸上表现很多不同层次不同比例的图，这样在图纸空间使用布局创建多个不同比例的视口，就会比模型空间下多次缩放图形，再排好位置之后打印出图便利快速得多。

10.2 布局设置

在"模型"选项卡中完成图形创建后，就可以通过选择布局选项卡进入图纸空间开始编辑要打印的布局或者新建需要的布局。在 AutoCAD2004 中，可以创建多种布局，每个布局代表一张单独打印输出的图纸，创建新布局后，还可以在布局中创建浮动视口，视口中的各个视图可以用不同的比例打印。在布局设置时，一般有以下途径，但其最终效果是一样的：

- 入门者如果希望从头开始，配置打印机、确定图纸尺寸、图纸方向、插入标题栏、定义视口、确定图纸插入时的拾取位置到完成，就可以使用"布局向导"，依靠系统提示一步一步完成操作。在向导中所作的设置，如果有不满意的地方可以通过调出"页面设置"对话框再加以修改。
- 更多的是直接点选"布局"选项卡，弹出"页面设置"对话框，从中可以根据需要指定布局和打印设备的设置。而且，指定的设置与布局可以一起存储为页面设置。创建布局后，还可以修改这些设置。

10.2.1 使用布局向导

使用布局向导，可以通过以下方法调用命令：

鼠标单击"插入"菜单中的"布局/布局向导"；

或单击"工具"菜单中的"向导/创建布局"；

或在命令行输入：Layoutwizard。

运行命令后，弹出"创建布局—开始"对话框，如图 10-2-1-1 所示。

输入新布局的名称，一般命名根据用户需要来定，命名规则遵循 Windows 操作系统的命名规则。命名后选择下一步，弹出"创建布局——打印机"对话框，可以选择系统安装的打印机或 AutoCAD 提供的打印机配置文件，如图 10-2-1-2。

图 10-2-1-1　布局向导

图 10-2-1-2　配置打印机

选择需要使用的打印设备后，选择下一步，弹出"创建布局——图纸尺寸"对话框，如图 10-2-1-3。

选择使用的图形单位和图纸尺寸，如果上一步中没有选择任何打印设备，即选择了"无"，则下拉列表中将列出所有可能支持的图纸尺寸。选择下一步后，弹出"创建布局——方向"对话框（图 10-2-1-4）。

图 10-2-1-3　选择图形单位和图纸尺寸

图 10-2-1-4　选择方向

选择图形在图纸上的方向，也就是选择图纸是横着使用还是竖着使用之后，选择下一步，弹出"创建布局——标题栏"对话框，如图 10-2-1-5。

图 10-2-1-5　选择标题栏

在列表中可以选择各种图纸规格的标题栏，用户也可以根据系统提供的标题栏，加以修改后再使用，如果选择"无"，用户可以在图纸空间中自己创建标题栏。一般选择将布局以"块"的类型插入即可。插入的默认位置是左下角的原点，即（0,0），可以插入后再根据需要调节，也可以像对块一样，进行编辑和修改图框的操作。选择下一步，弹出"创建布局——定义视口"对话框，如图 10-2-1-6。

图 10-2-1-6　定义视口

视口比例即希望模型空间中绘制的图形（以 1∶1 的真实大小绘制）以缩小或放大多少倍的比例排布在图纸上，这取决于图纸大小和视口多少。如果选择"按图纸空间缩放"则图形尽可能地布满图纸，比例就不一定精确。选择阵列可以一次创建多个视口；选择无，可以利用"视口"工具栏在完成向导之后自行创建视口或编辑视口，不论哪种方式创建的视口都可以再次修改。选择下一步，弹出"创建布局——拾取位置"对话框（图 10-2-1-7）。

这时选择"拾取位置"就是指定视口放置的角点和对角点，确定视口的位置。如果上一步定义视口时选"无"，则点击下一步后直接显示"创建布局——完成"对话框（图 10-2-1-8）。

图 10-2-1-7 拾取位置

图 10-2-1-8 完成布局向导

点击完成，结束布局向导，可以看到创建的视口和插入的图框和标题栏。

10.2.2 使用页面设置对话框

接下来可以打开"页面设置管理器"。

鼠标单击布局工具栏的页面设置图标 （需要通过"视图"菜单/"工具"，添加布局工具栏）；

或单击"文件"菜单中的"页面设置管理器"；

或者在"模型"选项卡或布局选项卡上单击右键，然后选择"页面设置管理器"；

或在命令行输入：pagesetup。

运行命令后弹出"页面设置管理器"对话框，如图 10-2-2-1 所示。

点击"修改"，则弹出"页面设置"对话框，用于设置各项打印参数，如图 10-2-2-2。

图 10-2-2-1 "页面设置管理器"对话框

图 10-2-2-2 "页面设置"对话框

（1）图纸尺寸和图纸单位

选择使用的图纸尺寸和单位，列表中可用的图纸尺寸由当前配置的打印设备决定，一般家用打印机都支持 A4、A3 等小幅面打印纸，如果在打印设备的下拉列表中选择"无"，则列表中显示出从 A4 到 A0，B5 到 B1 等各种 AutoCAD 系统能支持的图纸尺寸。

（2）图形方向

决定打印图纸时图纸的方向，使用"横向"设置时，图纸的长边是水平的，使用"纵向"选项时，图纸的短边是水平的。"反向打印"则控制首先打印图形的顶部还是底部。

（3）打印区域

选择打印区域：选择"布局"，就是打印指定图纸尺寸边界内的所有对象。打印原点为(0,0)，也就是页面的左下角；选择"显示"，将打印图形区域中显示的所有对象；选择"范围"，将打印图形中所有可见的对象。选择"视图"，将打印以前保存过的视图，可以从下拉列表中选择。选择"窗口"，可以通过鼠标在图纸空间指定一矩形范围，定义为要打印的区域。

（4）打印比例

设置打印比例，一般在模型空间绘制对象时通常使用实际的尺寸，即按 1∶1 的比例绘图。那么从布局打印图形时，模型空间的对象将以其布局视口的比例显示，用视口的比例打印模型空间对象，就设置为 1∶1 的比例打印布局。

如果是打印草图，通常不需要精确的比例，就可以在下拉列表中选择使用"按图纸空间缩放"，按照能够布满图纸的最大可能尺寸打印布局，尽量将图形布满图纸。一般，如果比例设置为大于 1 的比例，则图形被放大；如果比例设置为小于 1 的比例，则图形被缩小。

如果列表中的比例不能满足需要，可以从下拉列表中选择"自定义"，这时通过"1 毫米＝X 单位"的形式控制打印比例，例如：如果设置了 1 毫米＝10 单位，则打印的图形中，每 1 毫米的图纸距离表示实际距离 10 毫米。

一般打印出的图纸上的线宽就由图层管理器中设置的线型宽度决定，按线宽尺寸打印，而与打印比例无关。如果勾选了"缩放线宽"，那么线型的宽度也就随之变化，并保持各线型粗细的相对关系。一般在很小的纸上打印大图，为了防止线条过粗才使用此选项。

（5）打印选项

打印选项中一般按照默认设置即可。"最后打印图纸空间"如果选中，则会先打印模型空间对象，再打印图纸空间对象；如果不选，则先打印图纸空间对象。"隐藏图纸空间对象"用于指定是否在图纸空间视口中的对象上应用"消隐"操作。此选项仅在布局选项卡上可用。其设置的效果将反映在打印预览中，在布局中看不到。

10.3 打印

用户需要事先安装好打印机的硬件设备，连接好电源线和数据线，之后安装好打印机的驱动程序，检测可以正常使用后，启动 AutoCAD2007，在打印设备标签中的名称下拉列表中就可以选取安装好的打印机。

10.3.1 打印预览

在打印输出图纸之前，可以预览输出的结果，以检查所有的设置是否正确，如有不对，还可以继续修改。预览输出结果的方法有以下几种：

单击"标准"工具栏中的"打印预览"按钮；

或单击"文件"菜单中的"打印预览";

或在命令行输入:preview。

执行命令后,将会按照当前的页面设置、绘图设备设置、绘图样式等在屏幕上显示最终输出的效果。

10.3.2 打印图纸

完成诸多设置,预览没有问题后,用户可以通过以下方法调用打印命令:

鼠标单击:标准工具栏 /打印工具 ;

或单击"文件"菜单中的"打印";

或在命令行输入:plot。

执行命令后,弹出打印对话框,如图 10-3-2-1 所示。

图 10-3-2-1 "打印"对话框

可以发现,"打印"对话框和"页面设置"对话框基本相似,用户也可以在这里完成页面设置并配置打印设备和选择打印样式表,再预览打印效果。不同的是,用户可以选择打印的范围是只打印当前的布局,还是把所有的布局都一并打印出来,当需要一次完成所有布局的打印时,选择打印"所有布局选项卡"就很方便,同时可以设置打印多少份。如果勾选了"打印到文件",则将针对不同的打印配置文件生成相应格式的打印文件。

10.4 以其他格式输出文件

如果在另一个应用程序中需要使用 AutoCAD 图形,可以将画好的图形输出以转换为指定的格式，也可以使用 Windows 系统提供的剪贴板，把图形剪贴到其他应用程序的操作环境下。

AutoCAD 可以输出的其他格式包括：

✓ DXF 文件

DXF 文件即图形交换格式，是包含图形信息的文本文件，其他的 CAD 系统可以读取文件中的信息。如果其他人正使用能够识别 DXF 文件的 CAD 程序，那么以 DXF 格式保存图形后就可以共享该图形。只要从"文件"菜单中选择"另存为"，在"图形另存为"对话框的"文件类型"框中选择 DXF 格式，就可以实现 DXF 文件格式的输出。

✓ WMF 文件

WMF 即 Windows 图元文件格式，可以包含矢量图形和光栅图形格式。一般，AutoCAD 只在矢量图形中创建 WMF 文件。矢量格式与光栅格式相比，其最大的优越性在于 Windows 图元文件（图片）格式包含了屏幕矢量信息，而且此类文件可以在不降低分辨率的情况下进行缩放和打印。可以使用这种格式将对象粘贴到支持 WMF 文件的 Windows 应用程序中，而且粘贴到 AutoCAD 中的图元文件比位图图像（BMP 文件）的分辨率还高，能够实现更快的平移和缩放。许多 Windows 应用程序都使用 WMF 格式。从"文件"菜单中选择"输出"，在"输出数据"对话框的"文件类型"框中选择"图元文件 (*.wmf)"就可以实现 WMF 格式文件的输出。一般，WMF 文件使用 ACDSee 等图像浏览软件就可以查看和打印，也可以通过 Word 的插入功能调入到文档中进行处理。

✓ 光栅文件

可以使用若干命令将对象输出到与设备无关的光栅图像中，光栅图像的格式可以是 BMP、JPEG、TIFF 和 PNG。其对应的输出命令分别是：bmpout、jpgout、tifout、pngout。使用命令后，会弹出"创建光栅文件"对话框，用户选择保存位置，输入文件名称后确定，命令行会提示"选择对象或 <全部对象和视口>:"，选择对象后回车，就会得到相应格式的文件，如果默认选择全部对象和视口，则会得到整个绘图区的图像。需要注意的是，图像的分辨率是和屏幕显示的分辨率是一致的。

✓ PostScript 文件

许多桌面发布应用程序使用 PostScript 文件格式类型。其高分辨率的打印能力使其更适用于光栅格式，例如 GIF、PCX 和 TIFF。将图形转换为 PostScript 格式后，还可以使用 PostScript 字体。如果需要输出为 PostScript 文件格式，则需要按照前面讲解过的与配置 JPG 输出设备相同的步骤在打印设备中配置新的 PostScript 输出设备。

✓ 3D Studio 文件

AutoCAD 可以创建 3D Studio (3DS) 格式的文件。此过程保存三维几何图形中的视图、光源和材质。这样用户就可以在 LightScape 和 3DSMAX 或者 3DVIZ 中调用 AutoCAD 创建的文件。如果需要将图形输出为 3DS 格式，需要在"文件"菜单中选择输出为 3DS 格式即可。

✓ DWF 文件

用户可以使用 AutoCAD 创建 Web 图形格式文件，即 DWF 文件。用户可使用这种格式在 Web 或 Internet 网络上发布 AutoCAD 图形。任何人都可以使用 Volo® View™或 Autodesk® Express Viewer™和 Microsoft Internet Explorer 5.01 及其更高版本中打开、查看和打印 DWF 文件。由于 DWF 文件是二维矢量文件，所以 DWF 文件的优势在于支持实时平移和缩放以及对图层和命名视图显示的控制。

如果用户需要详细了解各种输出格式的知识可以参看其他书籍。